中国科学院科学出版基金资助出版

U0197622

复合材料点阵结构力学性能表征

吴林志 熊 健 马 力 著

科学出版社

北 京

内 容 简 介

本书是一部关于复合材料点阵结构设计、制备工艺、力学性能表征与评价的专著。全书共 12 章,第 1 章主要介绍点阵结构的研究背景和基本概念;第 2 章主要介绍复合材料点阵结构的制备技术;第 3 章至第 9 章主要介绍复合材料点阵结构的力学性能,包括平压、剪切、侧压、弯曲、扭转、屈曲、振动、低速与高速冲击;第 10 章主要介绍多层级复合材料点阵结构的力学性能;第 11 章阐述复合材料增强型点阵结构的力学性能;第 12 章主要介绍复合材料点阵曲面壳及圆柱壳的力学性能。

本书可供超轻结构及相关领域的科研人员、工程技术人员以及广大力学工作者参考,也可作为高等院校力学类和材料类相关专业师生的参考教材。

图书在版编目(CIP)数据

复合材料点阵结构力学性能表征/吴林志,熊健,马力著 . —北京:科学出版社,2015.11
ISBN 978-7-03-046181-0

Ⅰ.①复⋯ Ⅱ.①吴⋯ ②熊⋯ ③马⋯ Ⅲ.①复合材料结构力学-力学性能-研究 Ⅳ.①TB301

中国版本图书馆 CIP 数据核字(2015)第 254174 号

责任编辑:牛宇锋 罗 娟/责任校对:郭瑞芝
责任印制:吴兆东 / 封面设计:蓝正设计

科 学 出 版 社 出版
北京东黄城根北街 16 号
邮政编码:100717
http://www.sciencep.com

北京凌奇印刷有限责任公司印刷
科学出版社发行 各地新华书店经销
*
2015 年 11 月第 一 版 开本:720×1000 1/16
2024 年 4 月第四次印刷 印张:15 插页:1
字数:281 000
定价:128.00 元
(如有印装质量问题,我社负责调换)

序

随着现代科技的迅速发展,各种新型飞行器不断涌现,而新型飞行器服役环境越来越恶劣,对材料和结构提出挑战,最主要问题是必须同时解决高结构效率和多功能问题。为了满足结构的轻量化和多功能化需求,近年来人们提出了新型点阵材料和结构概念。这一概念提出后,诸多材料科学和力学家对金属点阵结构和复合材料点阵结构进行了研究。先进复合材料点阵结构除具有高比强、高比刚、可设计性强等优点外,其贯通的芯子构型可为结构的多功能化提供丰富的想象空间。

经过多年来的不懈努力,吴林志教授等在复合材料点阵结构的设计、制备工艺、力学性能表征与评价等方面进行了系统的研究,取得了显著的理论和应用成果。该书的主要内容涉及:复合材料点阵结构的拓扑构型设计,包括金字塔构型、四面体构型等;复合材料点阵结构的模具热压一次成型工艺、模具热压二次成型工艺、RTM 工艺等;典型载荷作用下复合材料点阵结构的力学性能,包括面外压缩、面外剪切、三点弯曲、面内压缩、扭转;复合材料点阵结构的振动特性及高低速冲击响应等;复合材料多层级点阵结构的力学性能;复合材料点阵曲面壳和圆柱壳的力学性能。除机械载荷外,该书还考虑了高低温及热暴露环境对复合材料点阵结构性能的影响。

该书工作是我国学者在新型复合材料点阵结构研究方面的自主创新成果,它的出版将对我国更轻质复合材料结构的研究具有很好的借鉴作用,对从事先进复合材料及相关学科的科学工作者、研究生和高年级本科生必有较大的参考价值。

杜善义

2015 年 10 月

前　言

为了实现飞行器减重、增加有效载荷的目标,发展先进轻质复合材料结构,实现结构轻量化和多功能化是迫切需要解决的科学问题。先进复合材料点阵结构不仅具有承载功能,而且其内部开放、贯通的空间易于实现集承载与热控、隐身、吸能、储能、阻尼于一体的多功能特性,是当前国际学术界公认的最有前景的新一代超轻高强结构之一。

复合材料点阵结构的提出和发展源自以下三方面的启示:①自然界中动植物独特的微结构构造和优异的力学性能;②金属点阵结构优异的力学性能;③工程中对结构轻量化和多功能化的迫切需求。作者及其团队近年来一直致力于先进复合材料点阵结构的设计、制备、表征及评价,本书的内容正是作者所在团队近年来的研究成果和学术心得的总结,同时还借鉴了国内外部分具有代表性的研究工作。作者试图系统地介绍先进复合材料点阵结构的制备方法和力学特性,使读者能够全面了解该类结构的特点。本书旨在能抛砖引玉,推动先进复合材料结构的发展,促进超轻复合材料点阵结构的工程应用。

在本书完成之际,衷心感谢哈尔滨工业大学复合材料与结构研究所的各位学术前辈及同事对作者科研工作的长期支持和帮助。书中介绍的许多工作是作者与合作者一同完成的,他们是王兵博士、王世勋博士、李明博士、娄佳博士、刘加一博士、殷莎博士,在此向合作者表示衷心的谢意。

感谢国家自然科学基金重点项目(编号:90816024)、面上项目(编号:11172080)、青年科学基金项目(编号:11202059,11302060),国家重点基础研究发展计划(973 计划)项目(编号:2006CB601206,2011CB610303)等多年来对相关研究工作的支持。

本书可供力学、复合材料、航空航天工程、机械与土木工程等相关领域的研究人员和工程技术人员使用和参考,也可作为高等院校相关专业的教学参考书。

由于时间仓促,加之作者水平有限,书中难免会有不妥之处,恳请读者批评指正。

作　者

2015 年 10 月

于哈尔滨工业大学

目　录

第1章 绪 论

1.1 引 言

与金属点阵结构相比,复合材料点阵结构具有更加明显的比强度、比刚度优势,因此其在航空航天、交通运输、水面舰艇、重工机械等领域具有重要的应用前景。近十年来,国内外学者在复合材料点阵结构设计、制备、表征及评价等方面取得了较为显著的研究成果,为未来复合材料点阵结构的应用奠定了坚实的基础。本章首先简要介绍复合材料点阵结构的研究背景;然后结合仿生学的启示,阐述复合材料点阵结构的基本概念;最后,给出本书的组织结构及内容安排。

1.2 复合材料点阵结构的研究背景

随着航空航天技术的快速发展,人们对结构轻量化及多功能化提出了迫切需求。传统的轻质结构多为泡沫[1,2]和蜂窝夹芯结构[3],尤其蜂窝夹芯结构具有比刚度和比强度高的优势,但是这些芯子的内部空间是封闭的,不易实现预埋、传热等多功能要求。作为一种新型轻质结构,点阵结构不仅具有承载功能,而且其内部开放、贯通的空间易于实现集承载与热控、隐身、吸能、作动、储能、阻尼于一体的多功能特性。美国《科学》杂志曾指出,轻质结构的发展方向将逐渐向周期型桁架所构成的点阵结构过渡,并于2011年报道了美国加州理工学院关于超轻质镍合金点阵结构方面的工作[4]。2013年,美国麻省理工学院的科研工作者批量组装出碳纤维复合材料点阵结构,并将其研究成果发表在《科学》杂志上,作者基于其轻质高强的特点,预测该结构将在航空航天领域具有广泛的应用背景[5]。美国加州大学欧文分校休斯研究实验室科学家对该轻质结构进行了评论,认为点阵结构将会是未来超轻结构重点发展方向之一[6]。最近,美国加州理工学院科学家又将点阵结构概念运用到陶瓷微结构中,首次制备出微点阵陶瓷结构,并发现该结构具有很好的力学性能及多功能潜力[7]。20世纪末,在美国国防部资助下,有学者对微小卫星结构进行了探索研究,发现微小卫星结构主要是以蜂窝夹芯结构为承载平台的[8-10]。近年来,美国国防高等研究署(DARPA)和海军研究局(ONR)共同资助哈佛大学、剑桥大学和麻省理工学院开展有关超轻金属结构和有序点阵材料的研发项目[11],利用点阵结构材料在轻质和传热方面的优势,设计了超高速飞行器中的关键部件[12-14]。同时,以点阵结构为基础平台,开展舰船以及潜艇壁板结构的研制,探索出吸能性好、抗击水下爆炸能力强的轻质多功能结构[15]。

可以看出,为了实现减轻飞行器重量、增加有效载荷的目标,发展先进轻质复合材料结构,实现结构轻量化和多功能化是迫切需要解决的科学问题。轻质复合材料点阵结构兼备轻量化和多功能化特点,是当前国际上被认为最有前景的新一代先进轻质超强韧结构[16]。

1.3　复合材料点阵结构的基本概念

1.3.1　复合材料点阵结构的仿生学启示

在千百万年的进化过程中,动植物往往选择最优的拓扑构型来适应自然界不断变化的外部环境。著名材料学家、英国剑桥大学 Ashby 教授曾经讲过:"现代人类建造大型承载结构时,常采用致密材料,而自然界做同样的事情通常采用多孔材料。"例如,甲虫外壳、骨头、珊瑚、蜂窝、植物根茎等往往在微观尺度表现为多孔材料[2,17-20]。图 1-1 列出了犀鸟喙和鸟类翅膀中小梁骨的组织结构,由剖面图可见,其与点阵结构具有很大的相似性。图 1-1(a)所示的外部硬壳可看成点阵结构的面板,而在上下硬壳之间存在许多互相连接的组织结构,可看成点阵芯子[21]。这种犀鸟的嘴部具有较大的刚度和强度,是点阵结构设计的很好范例。受到自然界的启示,将超轻多孔材料作为结构材料的关键在于揭开多孔材料的科学秘密,而开展轻质点阵结构材料及结构的基础研究是解开这一秘密的最佳途径。

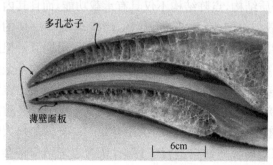

(a) 一种犀鸟的喙部解剖图[21]　　　　(b) 鸟类翅膀中小梁骨解剖图(D.Thompson 拍摄)

图 1-1　犀鸟喙部与鸟翅膀小梁骨解剖图

1.3.2　复合材料点阵结构概念的提出

随着材料制备技术的快速发展,目前出现了大量的轻质夹层结构,如图 1-2 所示。从其微观结构来看,主要可分为三类:天然芯材夹层结构(如轻木芯、岩石芯)、随机孔芯子夹层结构(如聚酯泡沫、金属泡沫等)和周期孔芯子夹层结构(如波纹板

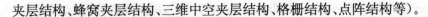

夹层结构、蜂窝夹层结构、三维中空夹层结构、格栅结构、点阵结构等)。

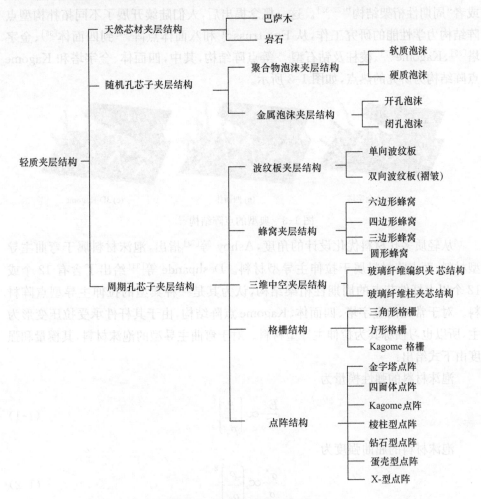

图 1-2 轻质夹层结构分类图

Gibson 和 Ashby[17]研究了金属和聚合物泡沫材料的力学行为,发现泡沫变形以胞元壁的弯曲为主,其宏观强度由胞元壁的抗弯强度所控制。由于泡沫的胞元壁较薄,所以其抗弯强度很低。如果能设计出一种新型结构材料,使材料的宏观强度由胞元壁的拉压强度控制,那么材料的强度将会大大提高。基于这一思想,2001 年左右,西方材料学界,以加州大学 Evans 教授、哈佛大学 Hutchinson 教授、剑桥大学 Ashby 教授、麻省理工学院的 Gibson 教授等为首提出了轻质点阵结构的概念[11,22],即结构中每个节点由若干杆件相连,通过设计杆件的数目和连接方式使材料的宏观强度由杆件的拉压强度控制。由于结构形式类似于模拟原子点阵构型而设计出来的静定/静不定多孔有序微结构,所以常被国外学者称为

"truss structure"或者"periodic cellular structure"[23-26],国内学者称为"点阵结构"或者"周期性桁架结构"[27-32]。这一概念提出后,人们陆续开展了不同拓扑构型点阵结构力学性能的研究工作,从 Egg-truss[33] 和八面体点阵[34] 到四面体[35]、金字塔[36]、Kagome[37]、棱柱及钻石型[38] 等点阵结构,其中,四面体、金字塔和 Kagome 点阵结构为研究的热点,如图 1-3 所示。

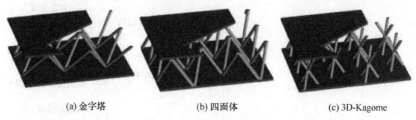

(a) 金字塔　　　　　　(b) 四面体　　　　　　(c) 3D-Kagome

图 1-3　典型的点阵结构[23]

从轻质多孔材料优化设计的角度,Ashby 等[39] 指出,泡沫材料属于弯曲主导型材料,而点阵材料属于拉伸主导型材料。Deshpande 等[33] 给出了含有 12 个或 12 个以上杆件节点的周期性桁架结构,认为其是一种典型的拉伸主导型点阵材料。对于常见的金字塔、四面体、Kagome 点阵结构,由于其杆件承受拉压变形为主,所以也习惯称其为拉伸主导型材料。对于弯曲主导型的泡沫材料,其模量和强度由下式给出:

泡沫材料的弹性模量为

$$\frac{E^*}{E_s} \propto \left(\frac{\rho}{\rho_s}\right)^2 \tag{1-1}$$

泡沫材料的屈曲强度为

$$\frac{\sigma^*}{\sigma_s} \propto \left(\frac{\rho}{\rho_s}\right)^2 \tag{1-2}$$

泡沫材料的压溃强度为

$$\frac{\sigma^*}{\sigma_s} \propto \left(\frac{\rho}{\rho_s}\right)^{3/2} \tag{1-3}$$

对于拉伸主导型的点阵材料,不考虑材料的方向性,其模量与强度由下面两式给出

$$\frac{E^*}{E_s} \propto \frac{\rho}{\rho_s}, \quad \frac{\sigma^*}{\sigma_s} \propto \frac{\rho}{\rho_s} \tag{1-4}$$

式中,ρ 和 ρ_s 分别为多孔材料及母体材料的密度;E^* 和 E_s 分别为多孔材料及母体材料的弹性模量;σ^* 和 σ_s 分别为多孔材料及母体材料的强度。由以上四式不难发

现,对于孔隙率较高的多孔材料,拉伸主导型材料的模量和强度明显高于弯曲主导型材料的模量和强度;多孔材料模量和强度与母体材料的模量和强度密切相关。由此可见,点阵结构属承载效率高的轻质结构;相对金属合金材料,纤维增强树脂基复合材料点阵结构具有更高的比强度和比刚度。

1.4 本书的结构与内容安排

本书内容主要围绕复合材料点阵结构展开,涉及内容较多,既有结构制备方面,又有结构实验表征、理论分析和数值计算方面。作者试图从逻辑上梳理清楚,使书中的内容循序渐进、由浅入深。全书共 12 章,第 1 章为绪论,介绍复合材料点阵结构的概念和应用背景;第 2~9 章系统介绍复合材料点阵结构的平压、剪切、侧压、弯曲、扭转、振动及冲击性能,涵盖点阵结构在工程应用中一些典型载荷;第 10 章介绍多层级复合材料点阵结构的力学性能;第 11 章介绍复合材料增强型点阵结构的力学性能,着重解决点阵结构面芯强度较低的问题;第 12 章介绍复合材料点阵曲面壳及圆柱壳的力学性能。

第 2 章 复合材料点阵结构的制备技术

2.1 引 言

纤维增强树脂基复合材料为各向异性材料,成型过程对模具依赖性强。与金属点阵结构相比,制备碳纤维复合材料点阵结构在初期存在很大的困难。对于各种典型的点阵结构,其结构形式复杂,芯子的杆件尺寸一般介于 $1\sim5\text{mm}$,这对复合材料成型工艺有特殊的要求,尤其是模具的设计,需要综合考虑脱模、模具压力、温度场分布等因素。目前,针对复合材料点阵结构,人们相继发明了嵌锁组装成型技术[40,41]、网架穿插编织成型技术[42]、纤维丝编织成型技术[43]、模具热压一次成型技术[44]、模具热压二次成型技术以及真空辅助成型技术[45],制备了金字塔、四面体、3D-Kagome 等复合材料点阵结构。

2.2 嵌锁组装成型技术

Finnegan 等[41]采用水切割组装法制备出碳纤维复合材料金字塔点阵结构,其制备工艺流程如图 2-1 所示。第一步:制备出 $0°/90°$ 铺层层合板;第二步:采用高压水枪对层合板进行切割,将层合板切割成设计好的形状和尺寸;第三步:将切割的杆件进行嵌锁组装,形成金字塔芯子;第四步:在面板上预先切割出十字架形的凹槽,将点阵芯子与面板组装在一起,并用环氧胶进行黏结固定。图 2-2 为采用该成型工艺制备的碳纤维复合材料金字塔点阵结构。该成型工艺的优点是芯子能批量成型,极大提高了芯子的成型效率。然而,该制备工艺也存在以下缺点:①机械切削多;②纤维杆中有一半纤维垂直于纤维杆的方向,不能充分发挥其承载的潜力;③嵌锁工艺对杆件精度要求极高,常在嵌锁槽口处产生初始缺陷。

在嵌锁组装工艺中,嵌锁构件是十分重要的组成单元,改变嵌锁构件的结构形式即可制成不同构型的轻质结构。在上述嵌锁技术基础上,吴林志课题组[46]进一步改进了嵌片形式,如图 2-3 所示,该嵌片具有较大的面芯黏结面积,可提高复合材料点阵结构的面芯界面强度。两种经过改进的嵌片进行组装即可批量成型金字塔点阵芯子,如图 2-4 所示。

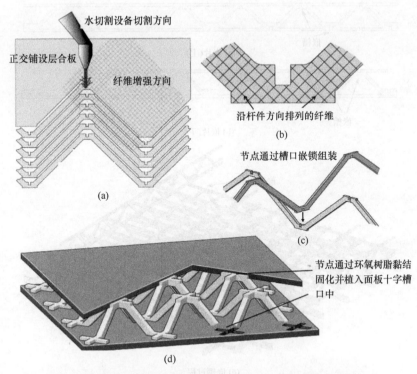

水切割设备切割方向

正交铺设层合板

纤维增强方向

(a)

沿杆件方向排列的纤维

(b)

节点通过槽口嵌锁组装

(c)

节点通过环氧树脂黏结固化并植入面板十字槽口中

(d)

图 2-1　水切割组装法制备复合材料金字塔点阵结构流程图[41]

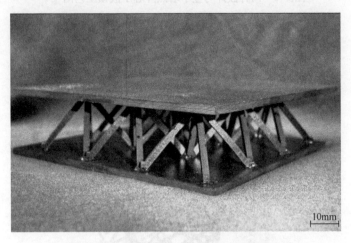

10mm

图 2-2　碳纤维复合材料金字塔点阵结构[21]

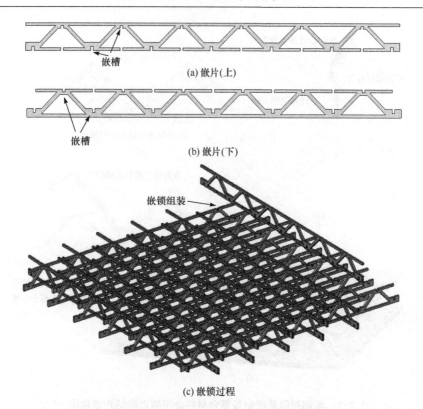

(a) 嵌片(上)

(b) 嵌片(下)

(c) 嵌锁过程

图 2-3　两种嵌片与金字塔点阵芯子嵌锁工艺图[46]

图 2-4　改进的嵌锁工艺制备的碳纤维复合材料点阵结构[46]

2.3　纤维丝编织成型技术

Lee 等[42]采用单向碳纤维杆和纤维丝制备一种新型的复合材料 Kagome 点阵结构，其制备工艺如图 2-5 所示。第一步：将碳纤维丝编织成二维网格结构；第二步：将网格结构与上面带孔的聚碳酸酯薄板贴合在一起，并固定卡具，往聚碳酸酯薄板的孔中插入碳纤维杆；第三步：将整个卡具放入树脂槽中成型固化。制备成型后的复合材料 Kagome 点阵结构如图 2-6 所示。

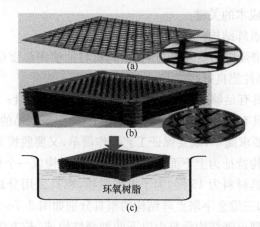

图 2-5　碳纤维 Kagome 点阵结构制备工艺[42]

图 2-6　碳纤维 Kagome 点阵结构[42]

经过面外压缩试验，发现这种 Kagome 点阵结构与蜂窝平压性能相当。纤维增强复合材料本身就是由纤维丝束制成的，单向纤维丝束柔韧性很好，相对金属丝更易于编织缠绕。由此可见，这种制备工艺潜力很大，易于成型复杂形状的复合材料点阵结构。

2.4　模具热压一次成型技术

吴林志课题组[44,47,48]采用钢模热压一次成型工艺制备了复合材料直柱/斜柱/金字塔点阵结构。该方法制备的复合材料点阵结构的面板与芯子采用共固化一体成型,因而面板与芯子的增强材料相互连接在一起,有效地解决了夹芯结构的面芯连接问题。该成型工艺中模具材料的选择和模具构型的设计直接关系到复合材料点阵结构产品的质量和工艺操作的可行性,因此合理地设计和制造模具是保证产品质量和降低制造成本的关键。

成型复合材料点阵结构模具的设计要求为:

(1) 对于纤维增强树脂基复合材料,模具材料的使用温度应远高于树脂固化温度,且模具的导热性能良好;

(2) 模具必须具有足够的刚度和强度,以保证产品的质量;

(3) 模具表面具有较高的表面光洁度及硬度,以保证制品的表面质量;

(4) 模具结构要求简单,既要保证工艺操作简单,又要脱模方便。

点阵结构的结构特征为上下面板与芯子中的杆件构成一个整体。模具热压一体化制备工艺的模具材料为 45 钢,为了方便脱模,模具采用分块组合的方式。成型直柱型、倾斜型和三维金字塔点阵结构的模具分别如图 2-7~图 2-9 所示。

直柱型和倾斜型点阵结构模具由以下两种部件组成:长方体金属块 A＋长方体金属块 B,在每个金属块 A 的侧面有一些周期分布的半圆形槽,且两端带有定位销,如图 2-7 和图 2-8 所示。组装模具时带有半圆形槽的模具 A 两两组装在一起,形成中间带有圆柱孔的长方体模具 C,点阵柱填充在模具 C 的圆柱槽内。为了脱模方便,每两组模具 C 之间夹带一个模具 B。脱模时先脱模具 B,然后利用模具 B 留下的空间将模具 C 分成两个模具 A,最后将其脱掉。

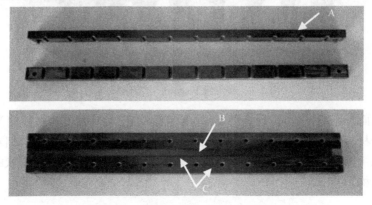

图 2-7　成型直柱型点阵结构的模具[47]

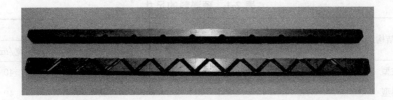

图 2-8　成型倾斜型点阵结构的模具[48]

由于金字塔点阵芯子特殊的空间构型,其模具也相对复杂,它由四种不同形状的模具块组成,如图 2-9 所示。每个模具单胞由两块多边形模具 3、一块梯形模具 1 和一块多边形模具 4 组成。点阵结构成型时,根据需要在组合模具两边的最外侧附加两个直角梯形模具 2。模具 1 和模具 3 侧面开有半圆形槽,成型时点阵柱位于半圆槽中,脱模顺序为 4→3→1。

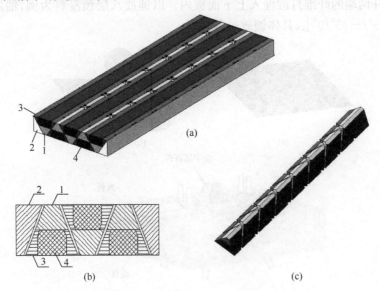

图 2-9　成型金字塔点阵结构的模具[44]

制备复合材料点阵结构所用原材料为碳纤维预浸料,采用预浸料铺放热压工艺。该工艺流程包括以下几步。

(1) 模具处理:清理模具表面,然后在模具表面涂专用脱模剂。每涂一层脱模剂后,需将模具放入温箱内加热 0.5h(100℃),使脱模剂在模具表面快速形成保护膜,之后自然冷却至室温。上述过程需重复三次。

(2) 下料:根据点阵结构杆件的尺寸,预浸料剪裁成所需的尺寸,典型尺寸见表 2-1,再将剪裁好的预浸料沿与纤维垂直的方向卷制成纤维杆。

表 2-1　预浸料的尺寸

夹芯结构	芯子高度/mm	点阵柱直径/mm	预浸料尺寸	
			长/mm	宽/mm
直柱型	12	3	35	40
倾斜型	12	3	40	40
金字塔	20	2	65	27

注:预浸料长度方向为纤维方向,宽度方向垂直于纤维方向

（3）模具组合:以金字塔点阵结构为例,将处理好的组件组合成图 2-9 所示的模具,再将上一步卷好的纤维杆插入模具孔内。根据拟成型的夹芯板的宽度,按图 2-9 所示的顺序将模具组装好并用辅助模具定位。

（4）铺放:如图 2-10 所示,模具组装好后,在模具上下表面铺设面板预浸料,并将纤维杆两端的纤维打散埋入上下面板内。以铺放八层预浸料为例,铺层方式为 $[0°/+45°/-45°/0°]_s$,具体铺放过程如下。

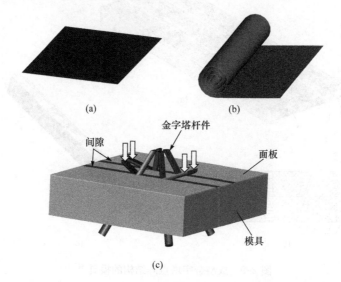

图 2-10　复合材料点阵结构成型工艺示意图[44]

① 在组合好的模具表面铺放 0°层,由于纤维柱的存在,预浸料不能完全铺满模具表面,在纤维柱附近存在空隙;

② 将纤维柱最外层的纤维分开,沿 0°方向填充在上一步铺放的 0°层空隙内;

③ 铺放 +45°层,由于纤维柱的存在,预浸料在纤维柱附近存在空隙;

④ 将纤维柱两端纤维打散分开,沿 +45°方向填充在 +45°层预浸料空隙内。

按照与以上四步同样的方法铺放 -45°层和 0°层,这四层预浸料铺放完成后,纤维柱端部被完全埋入这四层预浸料铺层的空隙内。然后,铺放剩下的四层预浸

料,另一侧面板也按同样的方法对称铺设。上下面板铺放完成后,放置于热压机中进行热压固化。

固化结束后,待温度降至室温时,脱模取出碳纤维增强复合材料点阵结构。图 2-11 为复合材料直柱型点阵夹芯板,图 2-12 为复合材料倾斜型点阵夹芯板,而图 2-13 为复合材料金字塔点阵夹芯板。

图 2-11　复合材料直柱型点阵夹芯板[47]

图 2-12　复合材料倾斜型点阵夹芯板[48]

图 2-13　复合材料金字塔点阵夹芯板[44]

采用一体化成型工艺能明显提高夹芯结构面芯间的界面强度,不需要面芯间的黏结。然而,热压模具一体化成型工艺还存在以下不足:①纤维柱端部预埋在面板中对面板的力学性能有一定影响;②纤维杆径向成型压力不足,易造成纤维杆劈裂;③人工操作步骤较多,不易实现批量化。

2.5　软膜热压一次成型技术

相对于金字塔点阵芯子,四面体点阵芯子的拓扑构型仅具有一个对称面,成型四面体点阵结构的模具需要更加巧妙的设计。为了给杆件施加足够的成型压力以及便于脱模,吴林志课题组发明了软膜热压一次成型技术制备碳纤维复合材料四面体点阵结构。制备复合材料四面体点阵结构的模具一般可采用钢模和软膜。对于四面体点阵结构,制备过程中采用钢模既不方便脱模,又不能保证对点阵芯子杆件施加足够大的压力，导致树脂和纤维之间界面强度较低，纤维柱容易被压散。硅橡胶是一种具有很高热稳定性的高弹性材料，它的键能高达 370kJ/mol，比一般橡胶的碳—碳键能 240kJ/mol 大很多，而且硅橡胶软模能产生各个方向的膨胀压力，特别适用于构型复杂的复合材料结构件的成型，因此模具的材质采用硅橡胶。为了防止制备过程中硅橡胶条两端约束后中间部分由于重力作用产生大的挠度，硅橡胶条内沿长度方向穿入了直径为 2mm 的钢条。最终设计的模具如图 2-14 所示，其中模具 1 用于固定模具，模具 2 和模具 3 可组装成留有圆形槽口的四面体点阵模具，而编号 4 表示预埋在槽口中的杆件。四面体点阵模具没有专门设计脱模部分，脱模时硅橡胶产生弹性变形，可以方便地从结构中取出，制备的碳纤维复合材料四面体点阵结构如图 2-15 所示。

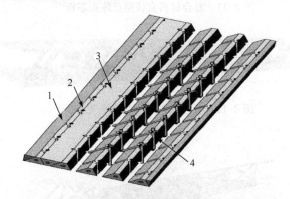

图 2-14 碳纤维复合材料四面体点阵结构的模具[49]

图 2-15 碳纤维复合材料四面体点阵结构[49]

2.6 模具热压二次成型技术

2.6.1 制备工艺流程

为了制备出具有不同相对密度的金字塔芯子，结合金字塔点阵结构拓扑构型的特点，吴林志课题组[50]设计了一套组装模具，采用组装模具热压成型工艺制备了碳纤维复合材料金字塔点阵结构。如图 2-16 所示,组装模具由四部分构成:上网架、下网架、底板和矩形方块,其中上下网架与底板采用铬合金材质制备,矩形方块可以是金属材料、木头或者硅橡胶等。上下网架合模即可形成金字塔形空腔,底板用于支撑整体网架,硅橡胶方块放置在上下网架所形成的方形槽中,用于保持上下网架整体稳定性。在下网架与方块之间形成的狭长槽口可铺设预浸料细条,槽口的宽度等于杆件的宽度。通过预浸料细条的厚度和数量可以控制金字塔点阵芯子中杆件的厚度,进而控制点阵芯子的相对密度。

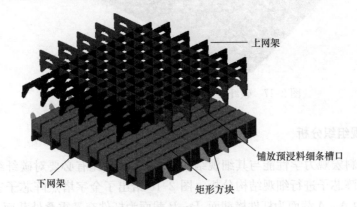

(a) 组装模具并铺设预浸料细条

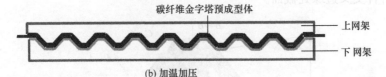

(b) 加温加压

图 2-16　组装模具及工艺流程图[50]

碳纤维复合材料金字塔点阵结构的制备工艺过程如下。

(1) 将单层碳纤维/环氧树脂复合材料预浸料沿 0°方向切割成所需尺寸的细条;

(2) 用丙酮清洗模具,并在模具表面均匀涂抹脱模剂,组装下网架与底板,下网架方形孔中填满硅橡胶的方块;

(3) 将一定层数的预浸料细条沿相互垂直的模具狭长槽口相互交替铺设;

(4) 在槽口中将上网架与下网架对接合模,对预浸料施加压力;

(5) 将含预成型体的模具放入热压机中,施加一定温度(130℃)和压力(0.5MPa),保温 1.5h 后可固化成型;

(6) 脱模后可得到碳纤维复合材料金字塔点阵芯子,用 R20 胶液黏结上下面板,即可制成碳纤维金字塔点阵结构。

　　图 2-17 为芯子与结构的实物图,其中,芯子杆件由两层预浸料细条铺设而成,杆件厚度为 0.3mm,金字塔芯子相对密度为 $\bar{\rho}=0.64\%$。

图 2-17　碳纤维复合材料金字塔点阵结构[50]

2.6.2　微观组织分析

　　复合材料宏观力学性能与其细观结构密切相关,因此有必要对碳纤维复合材料金字塔点阵芯子进行细观结构分析。图 2-18 给出了金字塔点阵芯子三个典型的截面,其中 A—A 截面为杆件横截面,B—B 截面为杆件交叉重叠处截面,而 C—C 截面为杆件交叉边缘处截面。

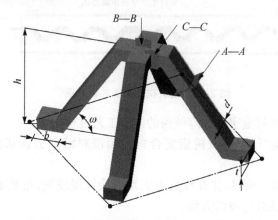

图 2-18　金字塔点阵单胞截面选取图[50]

　　图 2-19 显示了三个典型截面的微观组织形貌,从图中可以观察到,在 A—A 截面和 B—B 截面处,纤维和树脂结合状态良好,不存在明显的缺陷。然而,在 C—C 截面处存在明显的缺陷(图中"三角地带"),是由上下网架合模时不能在此区域施加足够的成型压力导致的。当铺设预浸料细条越多,芯子密度越高时,"三角地带"的缺陷越明显。

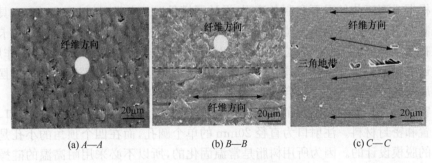

(a) A—A　　　　　　　(b) B—B　　　　　　　(c) C—C

图 2-19　典型截面细观组织[50]

与水切割嵌锁组装工艺不同,采用模具热压二次成型技术制备的碳纤维金字塔点阵芯子具有以下优势:①芯子是整体成型的,无需机械加工及嵌锁组装;②杆件中纤维是连续的,可以充分发挥纤维的承载作用;③通过上下网架可以在纤维杆件上施加足够的成型压力,保证芯子杆件的承载能力。从扫描电镜图片也可观察到,增强纤维均沿着杆件受载方向,这样可以显著地提高纤维杆抗屈曲的能力。

2.7　真空辅助成型技术

真空辅助成型技术(vacuum assisted resin transfer molding,VARTM),是在模腔中铺放设计好的增强材料预成型体,在压力和真空的作用下将低黏度的树脂注入模腔,树脂在流动充模的过程中完成对增强材料预成型体的浸润,并固化成型而得到复合材料构件的工艺方法,是一种先进的复合材料低成本制备技术。吴林志课题组成功地将 VARTM 成型技术应用到复合材料金字塔点阵结构的制备中[45]。金字塔点阵结构模具参考了该课题组模具热压一次成型模具的设计,其单体结构及芯子装配如图 2-20 所示。模具单胞由三部分组成,中间为一个梯形组件,两侧为带有金字塔形凹槽的单片,并且两端均有矩形卡槽,以固定模具。此外,他们还设计了卡具,既可以将芯子固定以便编织纤维,又可以将卡具和芯子的装配体一同放入模具腔体中进行注射。为了防止树脂充满整个腔体时将卡具和芯子的装配体黏结在一起,还需要进行密封设计。

图 2-20　芯子单片及卡具芯子装配图[45]

　　根据成型工艺的需要和制备流程,设计了模具以及卡具,材料为45钢,卡具包括限制芯子纵向位移和横向位移两部分。装配芯子时,先将限制横向位移的卡具横放在两个相同的限制纵向位移的卡具上,卡具上的半圆形凹槽可起到固定作用,并且还能够阻挡树脂流向模具腔体。然后,将芯子模具按顺序摆放在卡具上,摆放完毕后将另两个卡具与之组合,组合后用顶丝将芯子夹紧。

　　密封腔模具分为上下两个部分,如图2-21所示。底座部分设计了注射口、脱模装置和密封材料。注射口为直径20mm的单个圆孔,而在四个顶角的小孔是为模具的脱模设计的。因为所用树脂是常温固化的,所以不必采用耐高温的硅橡胶密封胶条。制备中采用了橡胶密封胶条,白色的密封胶条主要是使腔体成为一个密闭空间,用于抽真空排出气体和提供部分注射动力,而黑色的密封胶条将与上盖的密封胶条组合压在卡具的四周,使注入的树脂不能充满卡具和腔体之间的缝隙,便于后期的脱模。上盖的两个圆孔为树脂出口,这样设计是为了防止树脂流动时产生死角,可使树脂充满黑色密封胶条所密封的空间,模具四周的小孔起夹紧上下模具的作用。

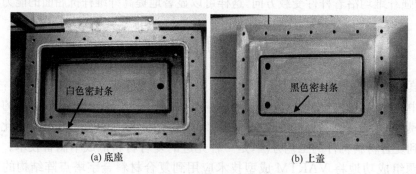

(a) 底座　　　　　　　　(b) 上盖

图 2-21　密封模具示意图[45]

VARTM工艺流程简图如图2-22所示,具体包括以下几步。

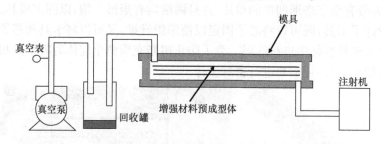

图 2-22　VARTM工艺简易流程图[45]

　　(1)前期准备工作。处理模具,准备增强纤维丝和纤维布,金字塔点阵结构上下面板的增强纤维采用的是正交玻璃纤维布。

　　(2)编织点阵结构。将芯子和卡具组装在一起,并将纤维布铺放在芯子的上下面;然后,将纤维束沿着两个不同单片的同向凹槽进行编织,如图 2-23 所示,形成金字塔点阵结构预成型体。将芯子模具放入 60℃的温箱中加热,蒸干纤维表面的水分,以免影响树脂和纤维的性能。

图 2-23　编织示意图[45]

(3) 组装芯子装配体与腔体模具,注射。树脂的注射温度为 25℃,注射时树脂与固化剂的体积比为 2∶1,需要注意的是,树脂与固化剂混合时不能通过改变固化剂的混合比例来调节固化时间。启动抽真空设备,排除模具腔体内的气体以及树脂和固化剂液体中的气泡,并利用抽真空和压力泵提供的压力完成注射。

(4) 固化与脱模。若采用的是常温固化树脂,注射完毕后,模具常温静置约 6h 即可固化成型。采用 VARTM 工艺制备的玻璃纤维复合材料金字塔点阵结构如图 2-24 所示。

图 2-24　VARTM 技术制备的金字塔点阵结构[45]

2.8　本章小结

本章主要介绍了复合材料点阵结构的制备技术,具体包括嵌锁组装成型技术、纤维丝编织成型技术、模具热压一次成型技术、模具热压二次成型技术及真空辅助成型技术,完整地总结了目前复合材料点阵结构成型工艺的最新进展。针对每一种成型工艺,详细说明了其工艺流程并分析了工艺自身的优缺点,以便让读者对复合材料点阵结构制备技术有一个全面系统的了解。

第3章 复合材料点阵结构的平压和剪切性能

3.1 引　言

复合材料及其结构的力学性能与原材料性能及成型工艺参数密切相关。点阵结构由杆件规则排列而成,属于拉伸主导型结构,点阵芯子中杆件主要承受拉伸或者压缩载荷,这样可以充分发挥杆件的承载能力。平压和剪切性能是评价复合材料夹芯结构力学性能的重要指标,本章将从理论和试验角度介绍金字塔、四面体和Kagome点阵结构的平压和剪切性能。

3.2 复合材料点阵结构的平压及剪切理论

3.2.1 金字塔点阵结构

1. 金字塔点阵芯子的相对密度

对于点阵结构,相对密度是一个非常重要的概念,它表示胞元中的实体材料占整个胞元的体积分数,同时也表征了胞元材料的孔隙率。

对于周期性胞元材料,可取一个单胞进行分析。图 3-1 为金字塔点阵芯子的一个单胞示意图。为了便于制备和脱模,采用模具热压法制备的复合材料金字塔点阵结构的单胞中四根杆件的顶端没有相交于一点,而是有一个小的间距 t。由图 3-1 可知,金字塔点阵芯子的相对密度 $\bar{\rho}_\mathrm{p}$ 为

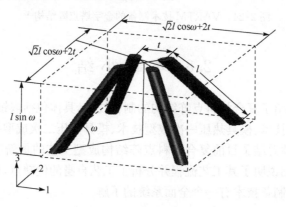

图 3-1　金字塔点阵单胞示意图

$$\bar{\rho}_p = \frac{\rho}{\rho_s} = \frac{4\pi r^2}{\sin\omega \left(\sqrt{2}l\cos\omega + 2t\right)^2} \tag{3-1}$$

式中,ρ 是金字塔点阵芯子的等效密度;ρ_s 为母材的密度;r、l 和 ω 分别为杆件的半径、长度和倾斜角度。芯子的高度 H_c 可以由下式给出

$$H_c = l\sin\omega \tag{3-2}$$

2. 金字塔点阵结构的平压模量和强度

在平压载荷作用下,由于金字塔点阵单胞的四根杆件具有空间对称性,所以可取其中的一根杆件进行分析,如图 3-2 所示。当在杆件的端部作用有垂直向下的外力 F 时,杆件的端部将产生垂直向下的位移 δ,由此将引起压缩杆件的轴向力 F_A 和剪力 F_S。根据力的平衡,沿竖直方向有

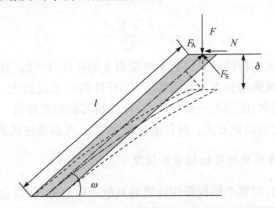

图 3-2　金字塔点阵单胞中一根杆件的受力分析图

$$F = F_A\sin\omega + F_S\cos\omega \tag{3-3}$$

由圆杆压缩和弯曲公式可得

$$F_A = E_c\pi r^2 \frac{\delta\sin\omega}{l} \tag{3-4}$$

$$F_S = \frac{3}{4}E_c\pi \frac{r^4}{l^3}\delta\cos\omega \tag{3-5}$$

金字塔点阵结构的等效平压应力和应变可定义为

$$\sigma_{33} = \frac{4F}{A} \tag{3-6}$$

$$\varepsilon_{33} = \frac{\delta}{l\sin\omega} \tag{3-7}$$

式中,$A = \left(\sqrt{2}l\cos\omega + 2t\right)^2$,是单胞的底面积。由式(3-6)和式(3-7)可得金字塔点阵结构的平压模量为

$$E_{33} = \frac{\sigma_{33}}{\varepsilon_{33}} = E_c \bar{\rho}_p \sin^4 \omega + \frac{3}{4} E_c \bar{\rho}_p \left(\frac{r}{l}\right)^2 \cos^2 \omega \sin^2 \omega \qquad (3\text{-}8)$$

对于金字塔点阵结构,杆件的长细比一般都比较大,此时式(3-8)右端的第二项可以忽略不计。近似后金字塔芯子的平压模量为

$$E_{33} = E_c \bar{\rho}_p \sin^4 \omega \qquad (3\text{-}9)$$

金字塔点阵结构的平压强度是由芯子杆件的失效模式控制的,在不同失效模式的竞争中,强度最低的失效模式为整个夹芯结构的失效模式,与之对应的强度为金字塔点阵结构的强度。在平压载荷的作用下,金字塔点阵芯子杆件可能的失效模式为杆件屈曲和杆件压溃,因此整个夹芯结构的平压强度 σ_{pk} 为

$$\sigma_{pk} = \min\{\sigma_{cb} \bar{\rho}_p \sin^2 \omega, \quad \sigma_{cc} \bar{\rho}_p \sin^2 \omega\} \qquad (3\text{-}10)$$

式中,σ_{cb} 和 σ_{cc} 分别为杆件的屈曲和压溃强度。杆件的屈曲强度取决于它的欧拉屈曲临界载荷

$$\sigma_{cb} = \frac{k^2 \pi^2 E_c r^2}{4l^2} \qquad (3\text{-}11)$$

式中,对于两端铰支的杆件,$k=1$;对于两端固支的杆件,$k=2$。对于金字塔点阵芯子的杆件,可以当成两端铰支。原因如下:①杆件的长细比较大,因此杆件中的轴向力比弯曲力大得多;②面板一般较薄,对杆件端部的约束较弱。这一处理方式在桁架分析中是常见的简化方式。杆件的压溃强度 σ_{cc} 可以通过试验测量得到。

3. 金字塔点阵结构的剪切模量和强度

由于面板较薄,对整个结构剪切性能的贡献可以忽略,所以金字塔点阵夹芯结构的剪切刚度和强度通常是由其芯子提供的。由于金字塔点阵芯子具有正交各向异性,所以其剪切模量具有方向性,分为面内剪切模量和面外剪切模量。对于一个金字塔点阵单胞,所谓的面内剪切模量是指当剪切力作用在 12 平面时对应的剪切模量,用符号 $G_{12}^{(c)}$ 表示,如图 3-3 所示;而面外剪切模量也称为横向剪切模量,是指沿着厚度方向的剪切模量,用符号 $G_{13}^{(c)}$ 表示,如图 3-4 所示。

首先推导金字塔点阵芯子的面内剪切模量 $G_{12}^{(c)}$。对于一个金字塔点阵单胞,结构具有对称性,可取半个单胞进行分析,如图 3-3 所示。在单胞的中心面上,作用有大小为 P 的剪切力,由此引起了大小为 γ_{12} 的剪应变。根据力的平衡关系,由载荷 P 引起的杆件轴向力 F_A 可表示为

$$F_A = \frac{P}{2\cos\theta} \qquad (3\text{-}12)$$

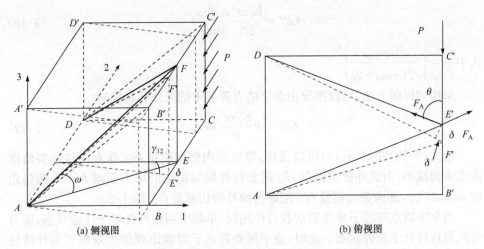

图 3-3　面内剪切时半个单胞的受力分析和几何关系图

(a) 侧视图　　　　　　　(b) 俯视图

由图 3-3 中杆件变形的几何关系,力 F_A 可表示成

$$F_A = \pi r^2 E_c \frac{\delta'}{l} \tag{3-13}$$

金字塔点阵单胞的等效剪应力 τ_{12} 定义为

$$\tau_{12} = \frac{P}{S_{BB'C'C}} \tag{3-14}$$

式中,$S_{BB'C'C} = \sqrt{2}l^2 \sin\omega\cos\omega$,是四边形 $BB'C'C$ 的面积。在小变形假设下,金字塔点阵单胞的等效剪应变 γ_{12} 可以通过如下关系近似得到,即

$$\gamma_{12} \approx \tan\gamma_{12} = \frac{\delta}{\frac{\sqrt{2}}{2}l\cos\omega} \tag{3-15}$$

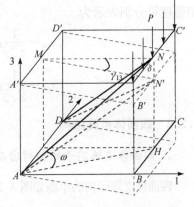

图 3-4　面外剪切时半个单胞的受力分析和几何关系图

由图 3-3 中的几何关系,有如下关系

$$\delta' = \delta\cos\theta, \quad \cos\theta = \frac{\sqrt{2}}{2}\cos\omega \tag{3-16}$$

将式(3-16)代入式(3-15)中,由式(3-12)~式(3-14)可以得到金字塔点阵芯子的等效面内剪切模量

$$G_{12}^{(c)} = \frac{\tau_{12}}{\gamma_{12}} = \frac{E_c\pi r^2}{2l^2}\frac{\cos^2\omega}{\sin\omega} \tag{3-17}$$

但是,由于在杆件的顶端有微小的间距 t,所以剪切模量需乘以一个几何修正因子 η,即

$$G_{12}^{(c)} = \frac{E_c \pi r^2}{2l^2} \frac{\cos^2 \omega}{\sin \omega} \eta \tag{3-18}$$

式中,$\eta = \left(\dfrac{\sqrt{2} l \cos \omega}{\sqrt{2} l \cos \omega + 2t} \right)^2$。

采用同样的方法,可以推导出金字塔点阵芯子的面外剪切模量

$$G_{13}^{(c)} = \eta \frac{E_c \pi r^2}{l^2} \sin \omega \tag{3-19}$$

由式(3-18)和式(3-19)可以发现,等效面内剪切模量 $G_{12}^{(c)}$ 随着杆件倾斜角度的增大而减小,而面外剪切模量 $G_{13}^{(c)}$ 随着杆件倾斜角度的增大而增大。当倾斜角度 ω 为45°时,面内剪切模量 $G_{12}^{(c)}$ 刚好为面外剪切模量 $G_{13}^{(c)}$ 的1/2。

当金字塔点阵芯子承受剪切载荷作用时,单胞中两根杆件处于压缩状态,而另外两根杆件处于拉伸状态。此时,金字塔点阵芯子可能出现的失效模式为杆件拉伸断裂、杆件压溃和杆件屈曲。但是,对于纤维增强复合材料,其拉伸强度远大于压缩强度,因此杆件拉伸断裂这一失效模式通常不会发生。金字塔点阵结构的剪切强度可分别表示为

$$\tau_{pk} = \frac{1}{2\sqrt{2}} \sigma_{cb} \bar{\rho}_p \sin 2\omega \quad (杆件屈曲) \tag{3-20}$$

$$\tau_{pk} = \frac{1}{2\sqrt{2}} \sigma_{cc} \bar{\rho}_p \sin 2\omega \quad (杆件压溃) \tag{3-21}$$

3.2.2　四面体点阵结构

1. 四面体点阵芯子的相对密度

四面体点阵结构的单胞如图3-5所示,主要由三根杆件组成,其相对密度可表示为

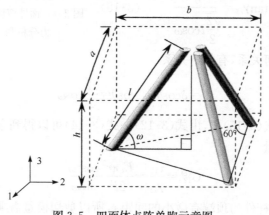

图3-5　四面体点阵单胞示意图

$$\bar{\rho}_t = \frac{3\pi r^2}{ab\sin\omega} \tag{3-22}$$

式中，r 和 ω 分别为杆件的半径和倾斜角度；a 和 b 分别为单胞沿着 1 方向和 2 方向的长度。

2. 四面体点阵结构的平压模量及强度

与 3.2.1 节的分析类似，对于四面体点阵结构的杆件，仅考虑其轴向变形，且认为其两端铰接。考虑如图 3-6 所示的四面体点阵单胞，其中平压载荷 F 沿 3 方向施加。由力的平衡关系，可求得杆 AB、AC 和 AD 的内力分别为

$$N_{AB} = N_{AC} = N_{AD} = \frac{F}{3\sin\omega} \tag{3-23}$$

四面体点阵单胞沿 3 方向的位移为

$$\Delta_3 = \frac{Fl}{3E_S\pi r^2 \sin^2\omega} \tag{3-24}$$

式中，E_S 为纤维柱的轴向压缩模量。对于相对密度为 $\bar{\rho}_t$ 的等效单胞，沿 3 方向的位移可表示为

$$\Delta_3' = \frac{Fl\sin\omega}{abE_{33}^c} \tag{3-25}$$

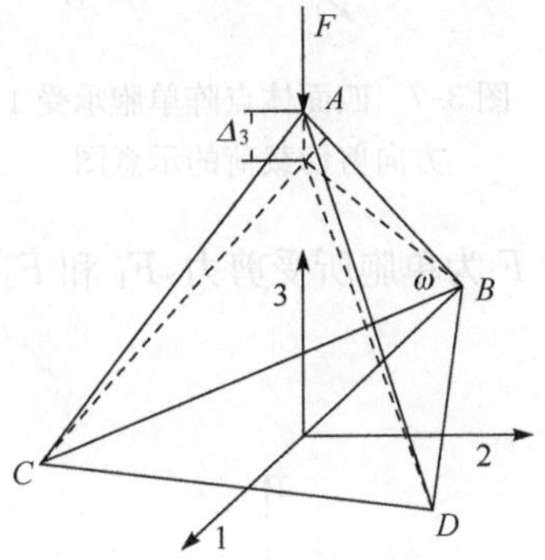

图 3-6　四面体点阵单胞承受平压载荷的示意图

令 $\Delta_3 = \Delta_3'$，可得四面体点阵单胞沿 3 方向的等效弹性模量为

$$E_{33}^c = E_S\, \bar{\rho}_t \sin^4\omega \tag{3-26}$$

当四面体点阵芯子中的纤维柱发生弹性屈曲或者压溃时，其强度为

$$\sigma_{pk} = \min\{\sigma_{cb}\bar{\rho}_t\sin^2\omega, \quad \sigma_{cc}\bar{\rho}_t\sin^2\omega\} \tag{3-27}$$

不难发现，式(3-27)与式(3-10)的表达式在形式上相同，但是它们的相对密度表达式是不同的。

3. 四面体点阵结构剪切模量及强度

如图 3-7 所示，为了求得 G_{13}，取一个四面体点阵单胞进行分析，在过 A 点平行于面 ABC 的平面内施加沿 1 方向的载荷 F。

由单胞节点 A 的力平衡关系，可分别求得杆 AB、AC 和 AD 的内力为

$$N_{AC} = N_{AD} = -\frac{F}{3\cos\omega}, \quad N_{AB} = \frac{2F}{3\cos\omega} \tag{3-28}$$

由四面体点阵单胞杆件变形分析，相对于底面 BCD，结点 A 沿 1 方向的位移为

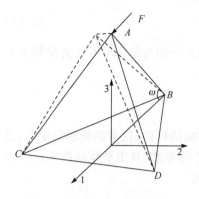

图 3-7　四面体点阵单胞承受 1
方向剪切载荷的示意图

$$\Delta_1 = \frac{2Fl}{3E_{\mathrm{S}}\pi r^2 \cos^2\omega} \tag{3-29}$$

对于相对密度为 $\bar{\rho}_{\mathrm{t}}$ 的等效单胞,沿 1 方向的位移可表示为

$$\Delta_1' = \frac{Fl\sin\omega}{abG_{13}} \tag{3-30}$$

令 $\Delta_1 = \Delta_1'$,可得四面体点阵单胞在 13 平面内的等效剪切模量

$$G_{13}^{\mathrm{c}} = \frac{1}{8}E_{\mathrm{S}}\bar{\rho}_{\mathrm{t}}\sin^2 2\omega \tag{3-31}$$

同样,为了求得复合材料四面体点阵结构的剪切强度,取如图 3-8 所示的四面体点阵单胞,图中 F 为单胞所受剪力,F_1 和 F_2 为 F 在 1 和 2 方向的分力。

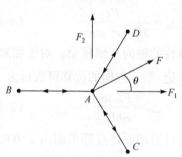

图 3-8　四面体点阵单胞受剪力示意图

根据单胞结点 A 的受力分析,杆 AB、AC 和 AD 的内力分别为

$$N_{AB} = \frac{2F}{3\cos\omega}\cos\theta \tag{3-32}$$

$$N_{AC} = \frac{2F}{3\cos\omega}\sin\left(\theta - \frac{\pi}{6}\right) \tag{3-33}$$

$$N_{AD} = -\frac{2F}{3\cos\omega}\cos\left(\theta - \frac{\pi}{3}\right) \tag{3-34}$$

由以上三式可知,四面体点阵芯子杆件受力与剪力 F 和施加剪力的方向(θ 角)有关。为了求得四面体点阵单胞的剪切强度,图 3-9 给出了函数 $f(\theta)=\cos\theta$、$g(\theta)=\sin(\theta-\pi/6)$ 和 $h(\theta)=-\cos(\theta-\pi/3)$ 三者之间的关系。

从图 3-9 可以看出,在 θ 角变化时,四面体点阵单胞中三根杆最大拉力与最大压力的最大比值为 2,而试件制备中碳纤维预浸料的拉伸强度是压缩强度的两倍以上,因此纤维柱的拉伸强度也应是压缩强度的两倍以上,在剪力作用下纤维柱应

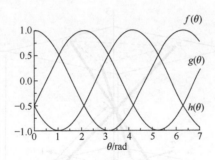

图 3-9 三个函数关系图 $(0 \leqslant \theta < 2\pi)$

先发生压缩破坏。假设四面体点阵芯子仅发生纤维柱压缩破坏,令纤维柱的压缩强度为 σ_{cr} (σ_{cr} 为纤维柱压溃或屈曲强度),可推得:

当 $\theta = n\pi/3 (n = 1, 3, 5)$ 时,四面体点阵芯子在剪切载荷下有最小的剪切强度为

$$\tau_{min} = \frac{\overline{\rho}_t}{4} \sigma_{cr} \sin 2\theta \tag{3-35}$$

当 $\theta = n\pi/3 (n = 0, 2, 4)$ 时,四面体点阵芯子在剪切载荷下有最大的剪切强度为

$$\tau_{max} = \frac{\overline{\rho}_t}{2} \sigma_{cr} \sin 2\theta \tag{3-36}$$

3.2.3 Kagome 点阵结构

1. Kagome 点阵结构的相对密度

与正四面体和金字塔点阵结构不同,Kagome 点阵结构各单胞之间的杆件并非连接在一起。如图 3-10 所示,各单胞之间的间距为 l,芯子高度为 H_c,杆的横截面半径为 r,长度为 $2L_c$,杆件与面板的夹角为 ω。由图 3-10 可知

$$\sin \omega = \frac{H_c}{2L_c} \tag{3-37}$$

Kagome 点阵结构的相对密度可写成

$$\overline{\rho}_k = \frac{3\pi}{\sin \omega} \left(\frac{r}{l} \right)^2 \tag{3-38}$$

如图 3-10 所示的笛卡儿直角坐标系,假设芯子位于刚性面板之间,在各中面的投影如图 3-11 所示。芯子各杆件之间的连接方式是无摩擦铰接。下面,求解 Kagome 点阵芯子在平压和剪切载荷作用下的模量和强度。

2. Kagome 点阵结构的平压模量及强度

为了求 Kagome 点阵芯子的有效弹性模量,将 Kagome 点阵结构下面板固定,仅在上面板法线方向(3 方向)上施加载荷 F_3。对于芯子为 Kagome 构型的单胞,

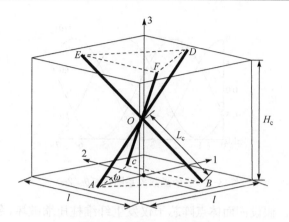

图 3-10　Kagome 点阵单胞

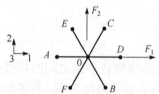

图 3-11　Kagome 点阵单胞
在各个面上的投影

相应的法向位移为

$$\Delta_{33} = \frac{2F_3 L_c}{3E\pi r^2 \sin^2\omega} \tag{3-39}$$

对于相对密度为 $\bar{\rho}_k$ 的等效单胞,其相应的法向位移可表示为

$$\Delta'_{33} = \frac{2F_3 L_c \sin\omega}{E_c l^2} \tag{3-40}$$

式中,E 为杆件的弹性模量;E_c 为 Kagome 点阵芯子法向的等效弹性模量。

令 $\Delta_{33} = \Delta'_{33}$,结合式(3-38),有

$$\frac{E_c}{E} = \bar{\rho}_k \sin^4\omega \tag{3-41}$$

下面考虑 Kagome 点阵芯子杆件的压溃强度。在上面板法线方向施加载荷 F_3 时,假设 Kagome 点阵单胞和等效单胞都达到压溃强度。此时,Kagome 点阵杆件的压溃应力为

$$\sigma_Y = \frac{F_3}{3r^2 \sin\omega} \tag{3-42}$$

等效单胞的压溃应力 $\sigma_c = F_3/l^2$,由式(3-38)和式(3-42)可得

$$\frac{\sigma_c}{\sigma_Y} = \bar{\rho}_k \sin^2\omega \tag{3-43}$$

3. Kagome 点阵结构的剪切模量及强度

Kagome 点阵芯子杆件与上下面板分别构成四面体结构,且各杆长度相等。

根据 Kagome 点阵单胞对称性,可以近似认为芯子的面外剪切模量是与方向无关的,即有 $G_{13}=G_{23}$。文献[51]对 Kagome 点阵芯子的剪切试验表明,该结构在塑性屈服前后都表现出很好的面内各向同性特性,因此只需讨论芯子在 1-3 面内的剪切模量和强度。将下面板固定,仅在上面板沿 1 方向施加载荷 F_1。对于芯子为 Kagome 构型的单胞,沿 1 方向的位移可表示为

$$\Delta_1=\frac{4F_1L_c}{3E\pi r^2\cos^2\omega} \tag{3-44}$$

对于相对密度为 $\bar\rho_k$ 的等效单胞,沿 1 方向的位移为

$$\Delta_1'=\frac{2F_1L_c\sin\omega}{G_{13}l^2} \tag{3-45}$$

式中,G_{13} 为 Kagome 点阵芯子等效面外剪切模量。

令 $\Delta_1=\Delta_1'$,由式(3-38)、式(3-44)和式(3-45),有

$$\frac{G_{13}}{E}=\frac{1}{8}\bar\rho_k\sin^2 2\omega \tag{3-46}$$

下面求解 Kagome 点阵芯子的等效面内剪切强度。在 1-2 面内施加剪切应力 τ,设其与 1 方向夹角为 Ψ,由此不难求得不同方向的应力分量

$$\sigma_{13}=\tau\cos\Psi,\quad \sigma_{23}=\tau\sin\Psi,\quad \sigma_{33}=0 \tag{3-47}$$

依据 Kagome 点阵单胞的对称性,不妨取 Kagome 芯子的一半结构来分析。芯子受到面内剪切力,在 1、2 方向的分量分别是 F_1 和 F_2,如图 3-12 所示。由力的平衡关系可得

$$F_1=l^2\sigma_{13},\quad F_2=l^2\sigma_{23},\quad F_3=0 \tag{3-48}$$

由力的平衡关系,杆 OA、OB 和 OC 的内力分别为

$$N_{OA}=\frac{2F_1}{3\cos\omega}$$

$$N_{OB}=-\frac{1}{3\cos\omega}(F_1+\sqrt{3}F_2) \tag{3-49}$$

$$N_{OC}=\frac{1}{3\cos\omega}(-F_1+\sqrt{3}F_2)$$

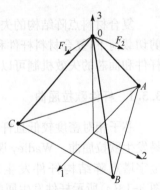

图 3-12　承受剪切力的 1/2
Kagome 点阵单胞

若 F_1 和 F_2 均为正值,则杆 OA 承受拉应力,杆 OB 承受压应力。当芯子杆件是碳纤维复合材料,且仅杆 OA 达到拉伸强度($N_{OA}=\pi r^2\sigma_Y$)时,结合式(3-38)和式(3-47)~式(3-49),Kagome 点阵单胞的等效横向剪切强度 τ 可表示为

$$\frac{\tau}{\sigma_Y}=\frac{\bar\rho_k}{4}\frac{\sin 2\omega}{\cos\Psi}=\frac{3\pi}{2\cos\Psi}\left(\frac{r}{l}\right)^2\cos\omega,\quad |\Psi|\leqslant\frac{\pi}{6} \tag{3-50}$$

当杆 OB 达到压缩强度极限时，即 $N_{OB}=-\pi r^2 \sigma_Y$，结合式 (3-38)、式(3-47)～式(3-49)，Kagome 点阵单胞的等效横向剪切强度 τ 可表示为

$$\frac{\tau}{\sigma_Y}=\frac{\bar{\rho}_k}{4}\frac{\sin 2\omega}{\cos(\Psi-\pi/3)}=\frac{3\pi}{2\cos(\Psi-\pi/3)}\left(\frac{r}{l}\right)^2\cos\omega,\quad \frac{\pi}{6}<\Psi\leqslant\frac{\pi}{2} \quad (3\text{-}51)$$

等效横向剪切强度 τ 随角度 Ψ 以周期 $2\pi/3$ 变化，这恰好反映出 Kagome 点阵单胞的对称性。

当 $\Psi=n\pi/3(n=0,1,\cdots,5)$ 时，Kagome 点阵单胞的等效横向剪切强度 τ 取最小值

$$\frac{\tau_{\min}}{\sigma_Y}=\frac{\bar{\rho}_k}{4}\sin 2\omega=\frac{3\pi}{2}\left(\frac{r}{l}\right)^2\cos\omega \quad (3\text{-}52)$$

当 $\Psi=\pi/6+n\pi/3$ 时，等效横向剪切强度 τ 取最大值

$$\frac{\tau_{\max}}{\sigma_Y}=\frac{\bar{\rho}_k}{2\sqrt{3}}\sin 2\omega=\sqrt{3}\pi\left(\frac{r}{l}\right)^2\cos\omega \quad (3\text{-}53)$$

由式(3-52)和式(3-53)不难看出，Kagome 点阵单胞的等效横向剪切强度的最大值与最小值的比值是 $2:\sqrt{3}$，两者相差不大。这与文献[51]和[52]通过试验得出的"Kagome 点阵在横向剪切载荷作用下表现出各向同性特性"的结论基本吻合。通常取等效横向剪切强度 τ 的最小值作为 Kagome 芯子的横向剪切强度。

3.3　平压和剪切载荷下复合材料点阵结构的失效机制

复合材料点阵结构的失效破坏与其设计方案和制备技术密切相关。在平压和剪切载荷下，复合材料杆件和面芯连接处通常是结构易发生破坏的部位，因此揭示杆件和面芯的失效机制可以很好地预报点阵结构的失效破坏。

3.3.1　杆件欧拉屈曲

芯子相对密度较低且杆件长细比较大时，在平压和剪切载荷下点阵结构杆件易发生欧拉屈曲。Wadley 课题组和吴林志课题组分别给出了平压载荷下碳纤维金字塔点阵结构杆件发生屈曲的失效模式，如图 3-13 所示。需要指出的是，图 3-13(a)所示杆件发生屈曲破坏时，伴随着杆件的分层破坏，这与其制备工艺有

(a)　　　　　　　　　　　　　　(b)

图 3-13　杆件欧拉屈曲

关。该杆件由 0°/90°正交铺设而成，当杆件受压变形较大时，不同铺层方向的层间易发生分层破坏。在面内剪切载荷下，复合材料点阵结构出现了与平压载荷下类似的失效模式。

3.3.2　杆件分层

对于具有不同铺层方向的复合材料层板，在外部载荷作用下不同铺层方向的相邻两层由于变形不协调，在其层间自由边附近存在应力集中，因而易导致层间分层破坏。Finnegan 等[41]提出的嵌锁组装工艺，杆件的铺层方式就是 0°/90°，在平压和剪切载荷作用下，复合材料杆件会承受一定的拉伸/压缩载荷，相比于杆件断裂，杆件会先发生分层破坏，如图 3-14 所示。改进杆件的成型工艺可以避免这种失效模式，吴林志课题组提出的模具热压二次成型工艺可使杆件中的纤维全部沿着杆件方向，这样可有效避免层间分层的破坏。

图 3-14　杆件分层[41]

3.3.3　节点断裂

对于点阵结构，芯子与面板之间通过小面积的接触而连接在一起，面芯节点是一个薄弱环节，采用不同制备工艺成型的复合材料点阵结构将发生不同形式的面芯失效破坏。

针对钢模热压和软膜热压一次成型技术制备的金字塔和四面体点阵结构，吴林志课题组通过平压和剪切试验均观察到面芯节点断裂的失效模式，如图 3-15 所示。一次成型技术需要将杆件两端预先埋入上下面板，芯子和面板之间无需黏结。在平压载荷下，杆件与面板连接处由于存在应力集中，所以易发生节点破坏。由于杆件端部埋入面板会在节点附近引入孔洞等缺陷，在剪切载荷下，这些缺陷会随着外载的增加而演化和扩展。当节点附近的微裂纹扩展到一定程度时，就演变成肉眼可见的节点断裂。为了进一步证明预理工艺所引入的缺陷，采用放大 90 倍的奥林巴斯显微镜 SC-STU2 观测节点的剖面。如图 3-16 所示，杆件预埋处的面板中有些纤维是不连续的，伴随的孔洞和夹杂，使得节点强度严重下降。当结构受到外部载荷作用时,这些孔洞处存在应力集中现象,使节点较易发生破坏。由于节点的失效,将会导致整个夹芯结构的剪切强度有所降低。

图 3-15　节点断裂[53]

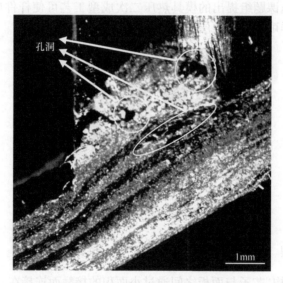

图 3-16　杆件的端部和界面处剖面图[53]

　　Wadley 课题组也发现,在剪切载荷下,嵌锁组装成型技术制备的金字塔点阵结构发生节点断裂破坏,其主要原因在于杆件端部埋入十字形槽中,嵌锁位置缺陷的存在,使得受拉的杆件易出现断裂破坏,如图 3-17 所示。

3.3.4　面芯脱胶

　　对于一次成型的点阵结构,面芯之间不存在二次黏结的问题,不可能出现面芯脱胶。对于嵌锁组装技术制备的点阵结构,芯子端部埋入十字形槽口中,抑制了面芯脱胶模式的出现。然而,对于模具热压二次成型技术制备的点阵结构,芯子端部通过黏结与面板相连。当复合材料点阵芯子的相对密度较高时,在剪切载荷下易出现面芯脱胶,如图 3-18 所示。通过理论和试验研究可以发现,面芯黏结面积直接关系到点阵结构的剪切强度,第 11 章提出增强型点阵结构,主要目的就是解决面芯黏结面积过小而导致的剪切强度过低的问题。

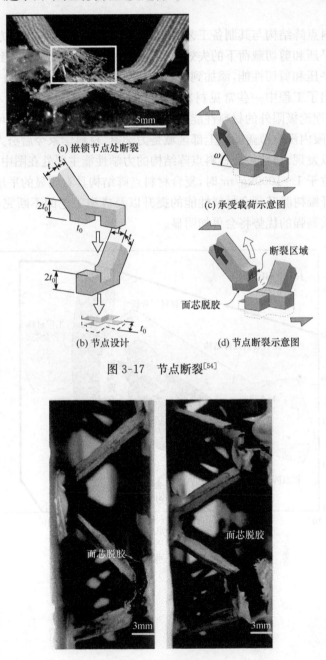

(a) 嵌锁节点处断裂

(b) 节点设计

(c) 承受载荷示意图

(d) 节点断裂示意图

图 3-17　节点断裂[54]

图 3-18　面芯脱胶[50]

3.4 本章小结

复合材料点阵结构与其制备工艺密切相关,铺层角和面芯连接方式直接影响点阵结构在平压和剪切载荷下的失效模式。本书汇总了目前能够得到的复合材料点阵结构的平压和剪切性能,添加到材料选材图中,如图 3-19 和图 3-20 所示。这两幅图也给出了工程中一些常见材料(如泡沫、金属点阵材料、自然材料等)的性能,也标出了理论极限外的材料性能空白区域,即理论上材料性能不可能达到的区域,而理论极限内没有覆盖的左上部区域是力学家、材料学家今后努力的方向。由这两幅图可以发现,目前复合材料点阵结构的力学性能主要处在图中左上方区域,在等效密度位于 $1\sim1000\text{kg/m}^3$ 时,复合材料点阵结构具有明显的平压和剪切性能优势。随着纤维树脂基复合材料性能的提升以及成型工艺的不断完善,复合材料点阵结构轻质高强的优势将会更加明显。

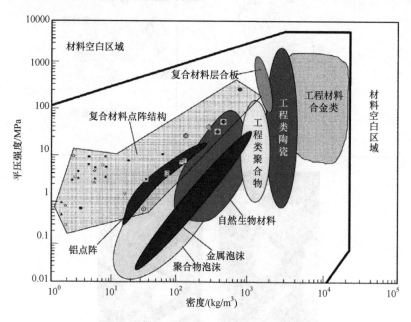

图 3-19 材料平压强度与密度关系图

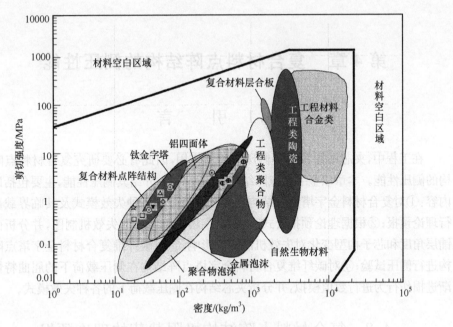

图 3-20　材料剪切强度与密度关系图

第4章 复合材料点阵结构的侧压性能

4.1 引　言

在工程中,夹芯结构常承受侧压载荷的作用,因此有必要研究复合材料点阵结构的侧压性能。本章以金字塔点阵结构为研究对象,介绍其侧压性能,主要包括以下内容:①对复合材料金字塔点阵结构在侧压载荷下的各种失效模式及其临界载荷进行理论预报;②根据理论预报公式,绘制金字塔点阵结构的失效机制图,并分析面板铺层角度和芯子构型变化对失效机制图的影响;③对碳纤维复合材料金字塔点阵结构进行侧压试验;④对碳纤维复合材料金字塔点阵结构在侧压载荷下的屈曲特性和渐进损伤行为进行数值模拟,并分析夹芯结构在侧压载荷下的各种失效模式。

4.2　复合材料点阵结构极限载荷的理论预报

考虑一个两端固支的金字塔点阵结构,在其顶端施加压缩载荷 P,如图 4-1(a)所示。为了便于分析,建立三维直角坐标系,其中轴 1 沿长度方向,轴 2 沿宽度方向,而轴 3 沿厚度方向。对于点阵桁架夹芯结构,面板的宽度通常大于芯子的宽度,如图 4-1(b)所示。在这里,面板和芯子的宽度分别为 B 和 B',面板厚度为 t_f,芯子高度为 H_c,而夹芯结构在两个卡具中间部分的长度为 L。

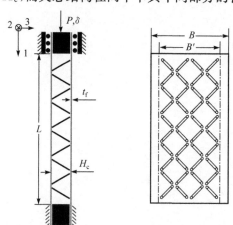

(a) 两端固支的金字塔点阵结构　(b) 面板和芯子具有不同的宽度

图 4-1　侧压载荷下的金字塔点阵结构

　　对于承受侧压载荷的金字塔点阵结构,常见的失效模式有四种:①宏观欧拉
(弯曲)屈曲;②宏观剪切屈曲;③面板皱曲;④面板压溃。以上几种失效模式如
图 4-2 所示。

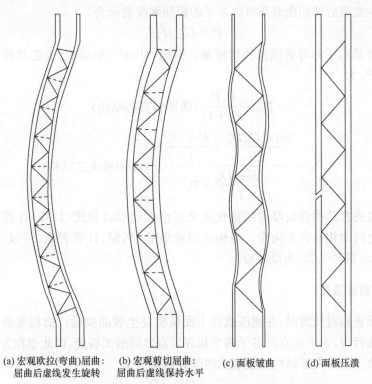

(a) 宏观欧拉(弯曲)屈曲:　　(b) 宏观剪切屈曲:　　　(c) 面板皱曲　　　　(d) 面板压溃
屈曲后虚线发生旋转　　　　屈曲后虚线保持水平

图 4-2　金字塔点阵结构在侧压载荷下的失效模式图

　　需要说明的是,金字塔点阵结构宏观欧拉屈曲和宏观剪切屈曲之间的差别非
常小,两种失效模式经常相伴发生,而且最终的变形模式在外观上非常相似。为了
揭示这两种失效模式之间的不同,需要考察芯子横截面的变形。在弯曲(欧拉)主
导的屈曲模式中,芯子的横截面发生了旋转,并且与夹芯结构的中心线仍然保持垂
直;而在剪切主导的屈曲模式中,芯子的横截面几乎没有旋转,仍然保持水平状态。
这种区别可由图 4-2(a)和(b)中的虚线看出。由此可见,只有当一种屈曲模式的
临界载荷远大于另外一种屈曲模式的临界载荷时,它们在变形上的区别才比较明
显。否则,这两种失效模式耦合出现,通过肉眼很难判断出它们的不同。

4.2.1　宏观屈曲

　　由于宏观欧拉屈曲和宏观剪切屈曲都是宏观屈曲,所以把这两种失效模式放
到一起来讨论。夹芯结构的欧拉屈曲临界载荷为

$$P_b = \frac{k_1^2 \pi^2 D_{eq}}{L^2} \tag{4-1}$$

式中，D_{eq} 是夹芯结构的等效弯曲刚度。对于两端固支的金字塔点阵结构，$k_1 = 2$。夹芯结构宏观剪切屈曲载荷可由芯子的剪切刚度表示为

$$P_s = G_{13}^{(c)} B' H_c \tag{4-2}$$

式中，$G_{13}^{(c)}$ 是芯子的等效横向剪切模量。根据 Allen[55] 的研究，夹芯结构的临界屈曲载荷 P_{cr} 为

$$P_{cr} = \frac{P_b P_s}{P_b + P_s} \text{（薄面板夹芯结构）} \tag{4-3a}$$

$$P_{cr} = \frac{\dfrac{2k_1^4 \pi^4 D_{eq}^f D_{eq}^0}{L^4} + \dfrac{k_1^2 \pi^2 D_{eq}}{L^2} P_s}{\dfrac{k_1^2 \pi^2 D_{eq}^0}{L^2} + P_s} \text{（厚面板夹芯结构）} \tag{4-3b}$$

有关夹芯结构面板厚薄的量化定义可由式（4-3a）和式（4-3b）计算得到的临界载荷之间的相对误差决定。当相对误差小于 1% 时，计算表明，$t_f/H_c < 1/20$ 为薄面板，$t_f/H_c \geqslant 1/20$ 为厚面板。

4.2.2 面板皱曲

当面板相对较薄时，在侧压载荷下面板易发生皱曲失效。面板皱曲是一种局部的屈曲行为，发生在点阵芯子两个相邻节点之间的面板处，因此也称为胞元间的屈曲失效。点阵夹芯结构面板皱曲的临界载荷为

$$P_{fw} = \frac{2k_2^2 \pi^2 D_{eq}^f}{(\sqrt{2} l \cos\omega + t)^2} \tag{4-4}$$

式中，系数 k_2 取决于芯子杆件对面板的约束。芯子杆件对面板的约束效应由杆件的长细比 l/r 决定：较小的长细比将会提供较强的约束。但是对于节点之间的面板，边界条件较为复杂，很难从理论上计算出系数 k_2 的大小，在数值计算中选取的 k_2 约为 1.3。

4.2.3 面板压溃

当面板相对较厚时，在较大的侧压载荷下面板会直接被压溃。对于压缩载荷作用下的复合材料层合板，可能的失效模式有基体压溃、纤维屈曲、纤维与基体之间剪切失效和分层破坏。在这里，不考虑具体的微观失效形式，而在宏观上把它们当成面板压溃。点阵夹芯结构面板压溃的失效载荷为

$$P_{fc} = 2B t_f \sigma_{fc} \tag{4-5}$$

式中，σ_{fc} 为面板的压缩强度，可由试验测得。

4.3　复合材料点阵结构的失效机制图

如果将面内压缩载荷作用下夹芯结构的各种失效模式以图的形式表示出来，那么设计者可以直观地看到各种失效模式与结构几何参数之间的关系，这会给设计者以很大的启发。在失效机制图中，结构将按照临界载荷最小的失效模式破坏。在绘制失效机制图时，杆件的长细比 l/r 和倾斜角度 ω 分别取为 17 和 45°，横坐标和纵坐标分别取无量纲的量 t_{f}/l 和 L/l。

需要说明的是，母材性能的变化会对结构失效机制图中各种失效模式之间的边界产生很大的影响。对于具有相同单层厚度的复合材料层合板，其等效弹性模量随着铺设角度的改变而改变；对于点阵桁架型芯子，其等效剪切模量随着芯子几何构型的改变而改变。为了揭示其中的变化规律，选择几种不同的铺层角度和芯子构型绘制了复合材料点阵夹芯结构的失效机制图，其中复合材料层合面板的铺设角度和芯子的几何参数列于表 4-1，相应的失效机制图绘于图 4-3。

表 4-1　面板的铺设角度和芯子的几何参数

编号	铺层顺序	t/mm	$E_{\mathrm{f}}^{\mathrm{eq}}$/GPa	σ_{fc}/MPa	G_{13}/MPa
A	单向板	0	110	870	463
B	$(0°/90°/0°)_n$	0	76.1	646	463
C	$(0°/90°/0°)_n$	7	76.1	646	168
D	$(0°/90°)_{ns}$	7	59.2	534	168

注：$E_{\mathrm{f}}^{\mathrm{eq}}$ 和 σ_{fc} 由经典层合理论计算得到

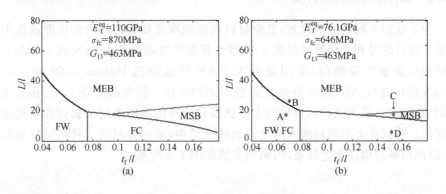

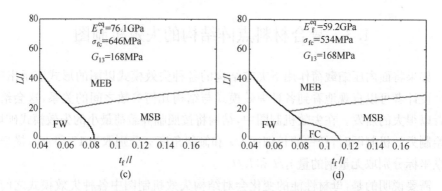

图 4-3　不同面板铺设角度和芯子构型情况下复合材料点阵夹芯结构的失效机制图

MEB、MSB、FW 和 FC 分别表示宏观欧拉屈曲、宏观剪切屈曲、面板
皱曲和面板压溃。A、B、C 和 D 对应表 4-1 中试样

从图 4-3 可以发现，复合材料金字塔点阵结构的失效机制图中各种失效模式之间的边界随着层合板铺设角度和芯子构型的变化发生明显的改变。在图 4-3(c) 中，面板压溃这一失效模式没有出现。这就说明，可以通过改变面板的铺设角度和芯子的构型来得到质量效率最大的结构。对于复合材料面板和金字塔点阵芯子，可设计性恰恰是其优点。

4.4　复合材料点阵结构的侧压试验

为了验证 4.2 节理论公式的正确性，下面对复合材料金字塔点阵结构在侧压载荷作用下的力学行为进行试验研究。

4.4.1　试件准备和试验方案

为了观察不同的失效模式，复合材料面板的厚度和夹芯结构的长度选取不同的值。试件编号和几何尺寸见表 4-2，理论预报的失效载荷由 5kN 到 220kN。为了精确地测量失效载荷，采用量程为 50kN 的试验机 Instron 5569 和量程为 250kN 的试验机 AG-250I 分别来测量不同的试件。侧压载荷以 1mm/min 位移控制方式施加，采用试验机自带的力传感器和位移传感器来记录载荷和顶端位移的变化。将试件上下两端嵌入两个钢制的卡槽中，采用特制的卡具将试件端部夹紧，以此得到近似固支边界条件，两端卡槽如图 4-4 所示。

表 4-2　试件的几何尺寸、理论预测和试验测量的失效载荷值

编号	铺层数	t_f/mm	L/mm	P_{cr}/kN	P_{fw}/kN	P_{fc}/kN	P_{buckle}/kN	P_{fail}/kN	P_{aba}/kN
a	6	0.71	148	42.87	5.96	59.42	—	5.63	5.83
b	24	2.50	148	66.68	260.56	209.25	52.66	58.57	64.8
c	15	1.63	214	45.78	72.22	136.43	32.11	40.33	44.2
d	24	2.52	264	50.24	266.87	210.92	45.72	50.43	48.9

注：P_{buckle}、P_{fail} 和 P_{aba} 分别表示试验测量得到的屈曲载荷、最终失效载荷和数值模拟的失效载荷

图 4-4　侧压卡具图

对于试件 b、c 和 d，理论预测的失效模式为宏观剪切屈曲。为了观测到屈曲何时发生，在试件的两个面板表面分别贴上两对应变片。在加载的初始阶段，由于面板处于压缩应力状态，所以这两对应变片所测量的应变皆为负值。当屈曲发生的那一时刻，整个结构弯曲变形，使得一个面板外侧处于拉伸状态而另外一个面板外侧处于压缩状态。此时，一个面板上应变片测量的应变会变成正值，而另外一个面板上应变片测量的应变仍为负值。根据侧压载荷与离面位移的对应关系，可通过复合材料金字塔点阵结构载荷-位移曲线得到相应的临界屈曲载荷。

4.4.2　试验结果和讨论

复合材料金字塔点阵结构试件的失效机制图如图 4-5 所示。为了直接观察夹芯结构失效模式和几何参数间的关系，分别取面板厚度 t_f 和试件长度 L 为横坐标和纵坐标。对于本节所采用的试件，芯子的剪切刚度相对较低，使得面板压溃这一失效模式不会发生，也就是说，宏观剪切屈曲临界载荷总是低于面板压溃失效载

荷。在试验的设计中,试件的几何尺寸应该设计成能涵盖所有的失效模式。但是,在实验室条件下,目前无法制造出太长的试件,使其按照宏观欧拉屈曲的方式失效,因此试验中只能观察到两种失效模式。

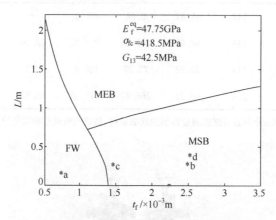

图4-5　复合材料金字塔点阵结构试件的失效机制图

复合材料金字塔点阵结构试件在侧压载荷作用下的变形历史如图4-6所示。对于试件 a,其失效模式为面板皱曲,由试验测量得到的载荷-位移曲线如图4-7(a)所示。在变形初始阶段,载荷随着位移的增加而近似线性增加,峰值载荷出现在面板皱曲首次发生的时刻。接着,载荷-位移曲线出现一个很长的平台段,这与结构欧拉屈曲的机理是相符合的,即在位移增加的同时载荷却保持不变。

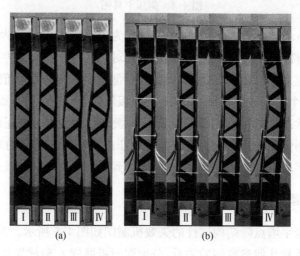

(a)　　　　　　　　　　(b)

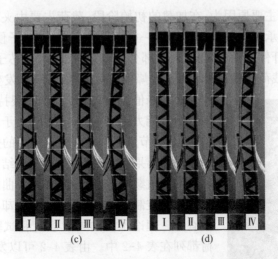

图 4-6　复合材料金字塔点阵结构试件的变形历史

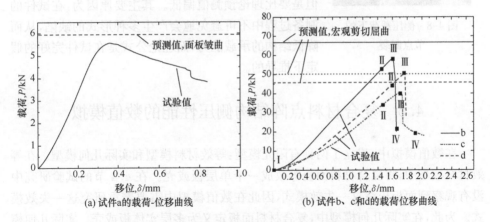

(a) 试件a的载荷-位移曲线　　　　　　　(b) 试件b、c和d的载荷位移曲线

图 4-7　复合材料点阵结构试件的载荷-位移曲线

对于试件 b、c 和 d,它们的失效模式都是宏观剪切屈曲。为了便于观察到结构宏观屈曲的破坏模式,将一些白线等间距地粘贴在夹芯结构的侧边上。由图 4-6(b)~(d)可见,这些白线在夹芯结构变形过程中几乎都没有旋转,这就意味着宏观屈曲由剪切屈曲控制。观察到的复合材料点阵夹芯结构失效模式与图 4-5 中预测的失效模式吻合很好。

由于试件 b、c 和 d 的失效模式都是宏观剪切屈曲,所以把它们的载荷-位移曲线一并画在图 4-7(b)中。由图 4-7 可以看出,对于每个试件,其相应的临界屈曲载荷都出现在峰值载荷之前。临界屈曲载荷如图 4-6(b)~(d)的图Ⅱ和图 4-7(b)上的点Ⅱ所示;最终失效载荷如图 4-6(b)~(d)的图Ⅲ和图 4-7(b)上的点Ⅲ所示。在临界屈曲载荷之后,出现一种剪切失效模式,这与细长杆的欧拉屈曲有很大的不同,其主要原因为:在加载的初始阶段,载荷主要由夹芯结构的面板承担,而芯子几乎不承受任何载荷。结构一旦发生剪切屈曲,芯子便开始剪切变形,芯子中的一部分杆件被压短,而另外一部分杆件被拉长,这时芯子开始承担载荷,整个结构承受的载荷将会继续增加。在峰值载荷处,面芯间将发生断裂,如图 4-8

图 4-8　侧压载荷下的
节点断裂

所示。在峰值载荷以后,节点断裂持续发生,使得结构的承载能力迅速下降。因此,对于复合材料点阵结构,面芯间节点断裂是一种灾难性的失效模式。

上述结果表明,复合材料点阵结构临界屈曲载荷和最终失效载荷是不同的,临界屈曲载荷是受芯子的剪切模量控制的,而最终失效载荷却与节点的剪切强度有关。理论预测的失效载荷和试验测量的失效载荷都列在表 4-2 中。由表 4-2 可以发现,试验测量的临界屈曲载荷与理论预测的临界屈曲载荷吻合较好,但是要比理论预测值偏低。其主要原因为:在试件的制备过程中不可避免地会产生多种形式的缺陷,从而降低结构的承载能力,而理论公式是在试件完好的假定下推导的。

4.5　复合材料点阵结构侧压性能的数值模拟

在数值模拟中,建立了两种有限元模型:等效材料模型和实际几何模型。在等效材料模型中,将复合材料面板等效成一个单层板或壳。在 4.4 节的试验研究中没有观察到面板压溃这一失效模式,因此在数值模拟中需要着重研究这一失效模式。为此,在实际几何模型中,复合材料面板定义为多层实体板或壳。实际几何模型所采用的几何尺寸列于表 4-3 中,而数值模型中的材料参数见表 4-1。采用隐式有限元软件 ABAQUS-Standard 进行数值分析。首先进行收敛性分析,以便能够得到足够的网格精度,使得结果趋于稳定。

表 4-3　数值模型的尺寸和失效载荷

编号	L/mm	B/mm	t_f/mm	P_{fw}/kN	P_{fc}/kN	P_{cr}/kN	P_{aba}/kN	误差/%
A	400	46	1.5	72.98	89.15	92.17	70.92	−2.82
B	520	46	1.5	72.98	89.15	66.72	64.13	−3.88
C	400	46	3.3	777.15	196.12	153.56	149.86	−2.41
D	100	46	3.3	777.15	196.12	278.69	191.55	−2.33

注:P_{aba} 代表数值模拟得到的失效载荷

4.5.1　各种屈曲模式的模拟

　　等效材料模型和实际几何模型都可以用来模拟各种屈曲模式。若是采用等效材料模型,就需要把面板定义为一个单层的均匀壳;若是采用实际几何模型,就需要把面板定义成复合材料层合壳。对于点阵芯子,首先建模生成一个单胞,然后沿着轴 1 方向和轴 2 方向复制单胞,便可以生成点阵芯子。面板和点阵芯子之间采用"tie"的方式连接起来[56],在夹芯结构的两端施加固支边界条件。由于金字塔点阵芯子的变形模式是拉伸主导型的,所以芯子中的杆件主要是伸长或缩短,于是可以把复合材料杆件当成均匀材料。在分析步中选择线性摄动分析,理论预测、实验测量和数值模拟得到的失效载荷都列于表 4-2 中。按照表 4-1 中给出的材料性能定义的数值模型,复合材料金字塔点阵结构失效载荷的理论预测值和数值模拟值列于表 4-3 中,而相应的失效模式如图 4-9 所示。

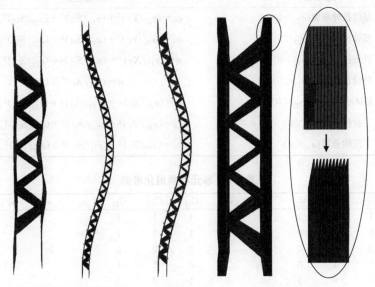

(a) 面板皱曲　(b) 宏观欧拉屈曲　(c) 宏观剪切屈曲　　　　(d) 面板压溃

图 4-9　各种失效模式的数值模型

　　由表 4-2 和表 4-3 可见,数值模拟得到的复合材料金字塔点阵结构的失效载荷与理论预测值吻合很好。数值模型 A 的失效模式为面板皱曲,与理论预测一致,并且它的变形模式与试件 a 的变形模式也非常一致。为了区别数值模型 B 的宏观欧拉屈曲模式和数值模型 C 的宏观剪切屈曲模式,建立了两个节点集,如图 4-9(b)和(c)中的圆点所示。对模型 B 来说,两个面板上对应的节点在长度方向上的相对位移比较大;对模型 C 来说,两个面板上对应的节点在长度方向上的相对位移比较小。由前面的分析可知,模型 B 是弯曲主导的屈曲模式,而模型 C 是剪切主导的屈曲模式。

4.5.2　面板压溃的模拟

在实际几何模型中,采用一种渐进损伤模型(progressive failure model,PFM)来模拟面板的压溃。这种渐进损伤模型包括四个部分:应力分析、失效分析、材料性能退化和单元消去。

哈辛准则(Hashin criteria)[57] 由于能够区分各种失效模式,所以在复合材料的损伤分析中广泛使用。本节采用三维哈辛准则对复合材料的失效进行判定。三维哈辛准则见表 4-4,相应的材料性能退化准则见表 4-5。

表 4-4　基于应力的三维哈辛准则

失效模式	失效准则
基体拉伸断裂($\sigma_{22}>0$)	$e_m = (\sigma_{22}/Y_T)^2 + (\sigma_{12}/S_{12})^2 + (\sigma_{23}/S_{23})^2 \geqslant 1$
基体压缩断裂($\sigma_{22}<0$)	$e_m = (\sigma_{22}/Y_C)^2 + (\sigma_{12}/S_{12})^2 + (\sigma_{23}/S_{23})^2 \geqslant 1$
纤维拉伸失效($\sigma_{11}>0$)	$e_f = (\sigma_{11}/X_T)^2 + (\sigma_{12}/S_{12})^2 + (\sigma_{13}/S_{13})^2 \geqslant 1$
纤维压缩失效($\sigma_{11}<0$)	$e_f = (\sigma_{11}/X_C)^2 \geqslant 1$
基体-纤维剪切($\sigma_{11}<0$)	$e_s = (\sigma_{11}/X_C)^2 + (\sigma_{12}/S_{12})^2 + (\sigma_{13}/S_{13})^2 \geqslant 1$
拉伸分层($\sigma_{33}>0$)	$e_d = (\sigma_{33}/Z_T)^2 + (\sigma_{13}/S_{13})^2 + (\sigma_{23}/S_{23})^2 \geqslant 1$
压缩分层($\sigma_{33}<0$)	$e_d = (\sigma_{33}/Z_C)^2 + (\sigma_{13}/S_{13})^2 + (\sigma_{23}/S_{23})^2 \geqslant 1$

表 4-5　单元材料退化准则

E_{11}	E_{22}	E_{33}	ν_{12}	ν_{13}	ν_{23}	G_{12}	G_{13}	G_{23}	e_m	e_f	e_s	e_d
1	1	1	1	1	1	1	1	1				
1	0	1	0	1	1	1	1	1	≥1			
0	0	0	0	0	0	0	0	0		≥1		
1	1	1	0	1	1	0	1	1			≥1	
1	1	0	1	0	0	0	0	0				≥1
0	0	0	0	0	0	0	0	0	≥1	≥1		
1	0	1	0	1	1	0	1	1	≥1		≥1	
1	0	0	0	0	0	1	0	0	≥1			≥1
0	0	0	0	0	0	0	0	0	≥1	≥1		
0	0	0	0	0	0	0	0	0	≥1			≥1
1	1	0	0	0	0	0	0	0			≥1	≥1
0	0	0	0	0	0	0	0	0	≥1		≥1	≥1
0	0	0	0	0	0	0	0	0	≥1	≥1	≥1	
1	0	0	0	0	0	0	0	0	≥1		≥1	≥1
0	0	0	0	0	0	0	0	0	≥1	≥1		≥1
0	0	0	0	0	0	0	0	0	≥1	≥1	≥1	≥1

为了模拟复合材料层合板的断裂,采用多层实体板来模拟复合材料面板。把多层实体板在厚度方向上划分成 33 个子块,以此来模拟含有 33 个单层的复合材料层合板。点阵芯子采用与 4.5.1 节相同的方式建模,采用"tie"的方式与面板连接起来。面板采用 8 节点线性立方体单元 C3D8R 来划分网格,芯子中的杆件采用 4 节点四面体单元 C3D4 来划分网格。夹芯结构的两端被施加固支边界条件,然后在上端通过一个参考点施加大小为 0.9mm 的位移。建立一个静态分析步来施加载荷。

模型 D 的失效模式如图 4-9(d)所示。由 ABAQUS 中的场变量可知,面板压溃是由纤维压缩失效导致的,消去材料性能退化为零的单元,如图 4-9(d)中的局部放大图所示。模型 D 理论预测的失效载荷和数值模拟得到的失效载荷列于表 4-3。由表 4-3 可见,理论预测值和数值模拟值吻合很好,相对误差在 4% 以内,验证了上述数值模型的有效性。

4.6　本章小结

本章对复合材料金字塔点阵结构的侧压行为进行了介绍,基于导出的理论公式,绘制了金字塔点阵结构在侧压载荷下的失效机制图,并且阐述了面板铺层角度和芯子构型对失效机制图中边界的影响;通过设计的典型试验,验证了理论公式的正确性。对于本章所采用的侧压试件,失效模式为宏观剪切屈曲,主要是由芯子较低的剪切刚度造成的。复合材料点阵结构的失效载荷是与面芯间节点的强度相关的。此外,建立了两种有限元模型来模拟复合材料点阵结构的各种失效模式。

第5章 复合材料点阵结构的弯曲性能

5.1 引　言

夹芯结构是由硬而薄的面板和软而厚的芯子组成的,较厚的芯子对面板的分离增大了面板的惯性矩,从而增加了整个结构的弯曲刚度。芯子一般是密度较小的材料,在重量增加不多的情况下能显著提高结构的弯曲刚度,所以夹芯结构广泛用于抗弯结构。本章将介绍碳纤维复合材料金字塔点阵结构的弯曲性能,主要包括以下内容:①考虑面板弯曲和芯子剪切的共同作用,给出夹芯结构在三点弯曲下的挠度公式;②考虑五种可能的失效模式,推导夹芯结构在三点弯曲载荷下的临界载荷;③考虑所有失效模式中的四种,对金字塔点阵结构在三点弯曲载荷下进行优化设计;④对复合材料金字塔点阵结构进行试验研究,并与理论预测值进行对比。

5.2 复合材料点阵夹芯梁的弯曲刚度

5.2.1 三点弯曲载荷下夹芯梁的挠度

图 5-1 为金字塔点阵夹芯梁的示意图,其中夹芯梁长度为 L,宽度为 B,面板厚度为 t_f,芯子高度为 H_c,芯子中杆件的长度、半径和倾角分别为 l、r 和 ω。对于图 5-1 所示的空间直角坐标系,轴 1 沿长度方向,轴 2 沿宽度方向,而轴 3 沿厚度方向。

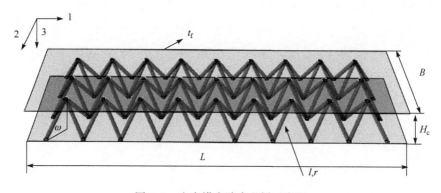

图 5-1　金字塔点阵夹芯梁示意图

　　如图 5-2 和图 5-3 所示,当点阵夹芯梁受三点弯曲载荷 P 作用时,根据 Allen 夹芯梁理论,夹芯梁中心处的挠度 δ 由两部分组成,分别为面板弯曲引起的挠度和芯子剪切引起的挠度。

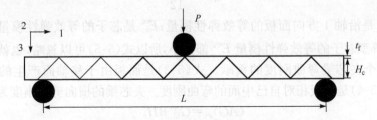

图 5-2　三点弯曲载荷下的点阵夹芯梁

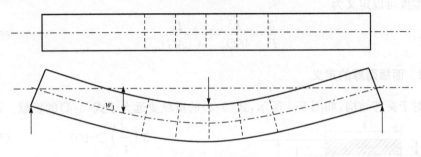

纯弯曲: 虚线旋转

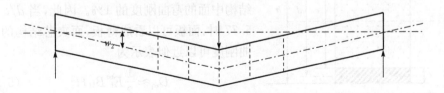

纯剪切: 虚线保持竖直

图 5-3　三点弯曲载荷下夹芯梁挠度

　　根据 Allen 夹芯梁理论[55],夹芯梁中心处的挠度 δ 可表示为

$$\delta = \frac{PL^3}{48D_{eq}} + \frac{PL}{4(AG)_{eq}} \tag{5-1}$$

式中,D_{eq} 和 $(AG)_{eq}$ 分别为夹芯梁的等效弯曲刚度和剪切刚度。夹芯梁的弯曲刚度可表示为

$$D_{eq} = D_{eq}^0 + 2D_{eq}^f + D_{eq}^c \tag{5-2}$$

$$D_{eq}^0 = \frac{E_f^{eq}Bt_f(t_f+H_c)^2}{2} \tag{5-3}$$

$$D_{\text{eq}}^{\text{f}} = \frac{E_{\text{f}}^{\text{eq}} B t_{\text{f}}^3}{12} \tag{5-4}$$

$$D_{\text{eq}}^{\text{c}} = \frac{E_{\text{c}}^{\text{eq}} B H_{\text{c}}^3}{12} \tag{5-5}$$

式中,E_{f}^{eq}是沿轴 1 方向面板的等效弹性模量;E_{c}^{eq}是芯子的等效弹性模量。一般来说,点阵型芯子的等效弹性模量 E_{c}^{eq} 都很小,所以式(5-5)可以忽略,也就是忽略芯子对整个夹芯梁弯曲刚度的贡献。式(5-3)是面板由于移轴而产生的弯曲刚度,而式(5-4)是面板相对自己中面的弯曲刚度。夹芯梁的横向剪切刚度为

$$(AG)_{\text{eq}} = G_{13}^{(\text{c})} B H_{\text{c}} \tag{5-6}$$

一般来讲,面板很薄,对夹芯结构的横向剪切刚度没有贡献。根据式(5-1),夹芯梁的柔度可以定义为

$$\frac{\delta}{P} = \frac{L^3}{48 D_{\text{eq}}} + \frac{L}{4 (AG)_{\text{eq}}} \tag{5-7}$$

5.2.2　面板薄厚的定义

对于夹芯结构,如图 5-4 所示,式(5-3)的贡献要远大于式(5-4)的贡献。若有

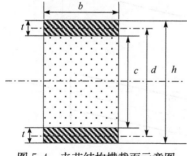

图 5-4　夹芯结构横截面示意图

$$3 \left(\frac{d}{t}\right)^2 > 100 \tag{5-8}$$

则面板对自身中面的弯曲刚度将不足对夹芯结构中面的弯曲刚度的1%。因此,当 $d/t >$ 5.77 时,面板可以看成薄板,而夹芯结构的弯曲刚度可以近似表示为

$$D_{\text{eq}} \approx \frac{1}{2} E_{\text{f}}^{\text{eq}} B t_{\text{f}} H_{\text{c}}^2 \tag{5-9}$$

5.3　复合材料点阵夹芯梁的弯曲强度

当金字塔点阵夹芯梁受三点弯曲载荷时,常见的失效模式有面板压溃、面板皱曲、杆件压溃、杆件屈曲和节点断裂。为了更好地理解各种失效模式,首先对三点弯曲载荷下的金字塔点阵夹芯梁进行受力分析。

5.3.1　受力分析

为了简单起见,首先分析一个二维的点阵结构,面板和芯子都由桁架组成,如图 5-5 所示。夹芯结构在长度方向上含有 m 个单胞,压头下的中央单胞如图 5-5 中的阴影区域所示。夹芯结构芯子的高度用 H_{c} 表示,杆件的倾角用 θ 表示。假

设夹芯结构中桁架的节点为铰接,这样结构中的所有杆件都成为只承受轴向力的二力杆。基于结构力学理论,可以推导出面板和芯子中每个杆件所承受的力,如图 5-5 所示。当夹芯结构承受三点弯曲载荷时,上面板受压,下面板受拉,其中面板内受力最大的杆件位于压头正下方,大小为 $\frac{m}{2}P\cot\theta$。夹芯结构的跨距为 L,与单胞高度之间的关系为

$$L=2mH_c\cot\theta \tag{5-10}$$

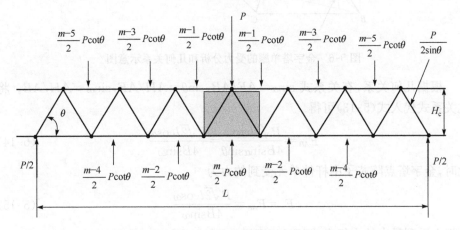

图 5-5　面板和芯子都为桁架的夹芯梁在三点弯曲载荷下的受力分析

由式(5-10)可知,面板中杆件受到最大的力为

$$F_f=\frac{m}{2}P\cot\theta=\frac{PL}{4H_c} \tag{5-11}$$

当 m 较大时,上面板中杆件单元承受的最大力(位于紧挨压头的两侧杆件单元上)近似等于下面板中杆件单元承受的最大力,因此式(5-11)也可以表示上面板中杆件单元承受的最大力。对于复合材料面板,由于其拉伸模量和强度大于压缩模量和强度,所以下面板一般不会由于拉伸而发生破坏,整个结构的失效往往是由上面板的压缩破坏引起的。

通过受力分析可以发现,芯子中所有杆件受到的力大小是相等的,均为

$$F_c=\frac{P}{2\sin\theta} \tag{5-12}$$

接下来,考虑一个金字塔点阵夹芯梁,面板是实体板,芯子由金字塔点阵桁架构成。夹芯梁在结构宽度上受到集度为 P/B 的均匀分布线载荷。如图 5-6 所示,根据几何关系和力的平衡关系,在宽度方向上一个单胞所承受的力为 $P\sqrt{2}l\cos\omega/B$。由力的平衡关系可得

$$F_{AF}=2F_{AB}\sin\alpha=\frac{P\sqrt{2}l\cos\omega}{2B\sin\theta} \tag{5-13}$$

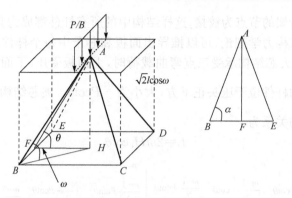

图 5-6　金字塔单胞的受力分析和几何关系示意图

根据几何关系,有关系式 $\sin\alpha = AF/AB$,$\sin\theta = AH/AF$,$\sin\omega = AH/AB$。将此关系式代入式(5-13)可得

$$F_{AB} = \frac{P\sqrt{2}l\cos\omega}{4B\sin\alpha\sin\theta} = \frac{P\sqrt{2}l\cos\omega}{4B\sin\omega} \tag{5-14}$$

此时,金字塔点阵芯子中杆件单元受到的力为

$$F_c = F_{AB} = \frac{P\sqrt{2}l\cos\omega}{4B\sin\omega} \tag{5-15}$$

面板上受到最大的力仍由式(5-11)表示。

5.3.2　面板压溃

当面板相对较厚时,在三点弯曲载荷作用下夹芯梁的上面板受压缩应力作用,有可能发生压溃失效。处于压头下方的上面板受到最大的压缩应力,因此最容易被压溃。根据前面的分析可知,发生面板压溃失效的临界载荷为

$$P_{fc} = \frac{4H_c}{L}\sigma_{fc}Bt_f \tag{5-16}$$

式中,σ_{fc} 是面板的压溃强度,可由试验测得。

5.3.3　面板皱曲

当面板相对较薄时,在三点弯曲载荷作用下夹芯梁的上面板会由于压缩应力而发生皱曲失效。皱曲是指位于两个相邻节点中间的那一段面板在压缩载荷下发生的欧拉屈曲,这是一种局部屈曲现象。处于压头下方的上面板受到最大的压缩应力,因此最容易发生皱曲。根据前面的分析可知,发生面板皱曲失效时的临界载荷为

$$P_{fw} = \frac{4H_c}{L}\sigma_{fw}Bt_f \tag{5-17}$$

式中,σ_{fw}是面板皱曲强度,可表示为

$$\sigma_{fw} = \frac{k_2^2 \pi^2 E_f t_f^2}{12 \left(\sqrt{2} l \cos\omega\right)^2} \tag{5-18}$$

其中,杆件对面板的转动约束较弱,可以取 $k_2 = 1$。但是对于实际情况,杆件的端部对面板会有一定的约束作用,取 $k_2 = 1$ 将会低估临界屈曲载荷。

5.3.4 芯子压溃

对于三点弯曲载荷下的金字塔点阵结构,芯子中的杆件都处于压缩应力状态。因此,当芯子中的杆件较为短粗时,容易发生压溃失效,此时的临界载荷为

$$P_{cc} = \frac{4B\sin\omega}{\sqrt{2} l \cos\omega} \sigma_{cc} \pi r^2 \tag{5-19}$$

式中,σ_{cc} 为杆件的压溃强度,可由试验测得。由前面的理论分析可知,芯子中的杆件所受到的压缩载荷大小相等。但是,对实际情况来说,铰接假设会产生一定的误差,因此芯子中的杆件所受到的载荷应是不同的。一般来说,在压头下方的杆件将承受更大的载荷,因此也最容易被压溃。

5.3.5 芯子屈曲

与芯子压溃一样,当芯子中的杆件较为细长时,容易发生屈曲失效,此时的临界载荷为

$$P_{cb} = \frac{4B\sin\omega}{\sqrt{2} l \cos\omega} \sigma_{cb} \pi r^2 \tag{5-20}$$

式中,σ_{cb} 为杆件的屈曲强度,可表示为

$$\sigma_{cb} = k_1^2 \pi^2 E_c \left(\frac{r}{2l}\right)^2 \tag{5-21}$$

对于铰接假设的杆件,$k_1 = 1$,这一假设也会略微低估临界载荷。同样,在压头下的杆件将承受更大的载荷,因此也最容易发生屈曲。

5.3.6 节点断裂

节点断裂一般会发生在临近夹芯梁两端的区域,因为在这一区域夹芯梁的弯曲变形使其面芯间的剪切力最大,因此最容易导致节点断裂。与节点断裂相应的临界载荷 P_{nr} 为[58]

$$P_{nr} = 2\tau_{nr} B H_c \tag{5-22}$$

式中,τ_{nr} 是面芯间的节点剪切强度,可以通过试验测得。

5.4　三点弯曲载荷下金字塔点阵结构的优化设计

对于点阵结构,由于杆件的半径、长度、角度、面板的厚度等都是可调节的量,所以它具有很好的可设计性。在工程应用中,人们可以根据实际工况的要求,设计出具有最高质量效率的结构。Wicks 和 Hutchinson[59]研究了四面体点阵结构在弯矩和横向剪切力联合作用下的优化问题。Cote 等[60]研究了金字塔点阵结构在侧压载荷下的优化问题。只有少数的学者,如 Zok 等[61]对金字塔点阵结构在弯矩和横向剪切力联合作用下进行过优化研究。

但是,上述优化分析无法同时确定芯子的高度、面板的厚度、结构的长度、杆件的半径和长度。然而,一个简单而又直接的数学关系对结构设计者来说更为适用。为了避免以上优化设计的不足,在充分考虑金字塔点阵结构自身特点的情况下,给出一个简单而又直接的设计方案是必要的。

5.4.1　杆件的倾角设计

从点阵夹芯结构弯曲刚度的角度,对杆件的倾角进行设计。由式(5-1)可知,夹芯结构弯曲比刚度随着剪切比模量的增加而增加,其中金字塔点阵结构的比剪切模量为

$$\frac{G_{13}}{\rho\,\bar{\rho}_{\mathrm{p}}}=\frac{1}{8\rho}E_{\mathrm{c}}\sin^{2}(2\omega) \tag{5-23}$$

由式(5-23)不难发现,当杆件的倾角 $\omega=45°$ 时,金字塔点阵结构的比剪切模量取最大值。如果保持其他几何参数不变,那么金字塔点阵结构比弯曲刚度也会取最大值。因此,杆件的倾斜角度应该为 45°。

5.4.2　杆件的半径设计

对于一个处于压缩应力状态的杆件,当杆件屈曲和压溃同时发生时,它的质量效率达到最大值。基于这一思想,令点阵夹芯结构芯子杆件的压溃载荷 P_{cc} 和屈曲载荷 P_{cb} 相等,就可以得到杆件的优化半径

$$r_{\mathrm{cr}}=H_{\mathrm{c}}\,\frac{2}{k_{1}\pi\sin\omega}\sqrt{\frac{\sigma_{\mathrm{c,cr}}}{E_{\mathrm{c}}}} \tag{5-24}$$

这里,可以取 $\sigma_{\mathrm{c,cr}}$ 为杆件的失效强度,其满足 $\sigma_{\mathrm{c,cr}}=\sigma_{\mathrm{cc}}=\sigma_{\mathrm{cb}}$。

5.4.3　面板的厚度设计

与 5.3 节相似,面板的质量效率在面板压溃和皱曲同时发生时达到最大。令

夹芯结构的面板压溃载荷 P_{fc} 和面板皱曲载荷 P_{fw} 相等,可以得到优化的面板厚度

$$t_{f,cr} = H_c \frac{\cos\omega}{k_2 \pi \sin\omega} \sqrt{\frac{24\sigma_{f,cr}}{E_f}} \qquad (5\text{-}25)$$

这里,可以取 $\sigma_{f,cr}$ 为面板的破坏强度,其满足 $\sigma_{f,cr} = \sigma_{fc} = \sigma_{fw}$。

5.4.4　夹芯梁的长度设计

根据式(5-16)和式(5-19),杆件压溃和面板压溃发生时的临界载荷分别为

$$P_{c,cr} = \frac{4B\sin\omega}{\sqrt{2}l\cos\omega} \sigma_{c,cr} \pi r_{cr}^2 \qquad (5\text{-}26a)$$

$$P_{f,cr} = \frac{4H_c}{L} \sigma_{f,cr} B t_{f,cr} \qquad (5\text{-}26b)$$

需要说明的是,在外加载荷作用下,当整个夹芯结构的每一个部件同时失效时,夹芯结构的质量效率达到最大值。令夹芯结构的面板失效载荷 $P_{f,cr}$ 和杆件失效载荷 $P_{c,cr}$ 相等,由此可得

$$\frac{4H_c}{L} \sigma_{f,cr} B t_{f,cr} = \frac{4B\sin\omega}{\sqrt{2}l\cos\omega} \sigma_{c,cr} \pi (r_{cr})^2 \qquad (5\text{-}27)$$

将式(5-24)和式(5-25)代入式(5-27)中,得到

$$L = H_c \frac{k_1^2}{k_2} \frac{\cos^2\omega}{\sin\omega} \frac{\sigma_{f,cr}}{\sigma_{c,cr}^2} \frac{E_c}{\sqrt{\frac{3\sigma_{f,cr}}{E_f}}} \qquad (5\text{-}28)$$

至此,点阵结构的设计过程可概括为:通过式(5-23),杆件的倾角可被确定为45°;给定芯子高度 H_c,通过 $l = H_c/\sin\omega$ 及式(5-24)、式(5-25)和式(5-28)可以确定杆件的长度和半径、面板的厚度以及整个夹芯结构的长度。

5.5　三点弯曲载荷下金字塔点阵结构的试验研究

5.5.1　试验方案

为了验证金字塔点阵结构弯曲刚度和强度的理论模型,对碳纤维复合材料金字塔点阵结构进行三点弯曲试验。采用万能拉伸试验机 Instron 5569 对金字塔点阵结构试件进行加载,试验过程参照 ASTM 标准 D7250 进行。载荷通过一个直径为 10mm 的圆柱形压头,以 2mm/min 的速度施加在金字塔点阵结构试件上。采用试验机自带的力传感器测量载荷,采用引伸计测量位移。试件的几何尺寸为 290mm×105mm,分别在长度和宽度方向上包含 7 个和 3 个单胞。芯子的高度为 15mm,夹芯结构的跨距为 250mm。为了观测不同的失效模式,面板的厚度分别取 0.84mm 和 1.76mm。

5.5.2　试验结果与讨论

　　由试验测得的复合材料金字塔点阵结构的载荷-挠度曲线如图 5-7 所示。

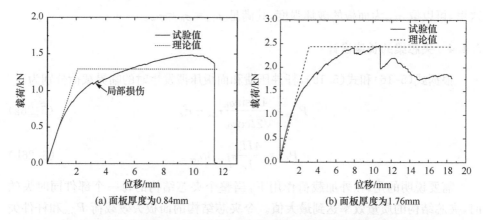

(a) 面板厚度为0.84mm　　　　　　　(b) 面板厚度为1.76mm

图 5-7　三点弯曲载荷下复合材料金字塔点阵结构试件的载荷-挠度曲线

　　由图 5-7 可见,对于不同面板厚度的两种试件,它们的弯曲变形呈现出相似的三个典型阶段:①初始的线弹性弯曲阶段;②后续的非线性弯曲阶段;③失效演化阶段。在初始的线弹性弯曲阶段,试验测量的夹芯结构柔度与理论预测的结果吻合很好。复合材料点阵结构试件在制造和加工过程中不可避免地会产生不同形式的缺陷,随着外部载荷的增加,这些缺陷也会不断地演化,从而使夹芯结构的材料性能不断下降,在宏观上表现为夹芯结构的非线性弯曲效应。两种不同试件在各种失效模式的临界载荷如表 5-1 所示。

表 5-1　不同面板厚度的夹芯结构的临界载荷

t_f/mm	P_{fc}/kN	P_{fw}/kN	P_{cc}/kN	P_{cb}/kN	P_{nr}/kN	$P_{measure}$/kN
0.84	8.84	1.29	19.45	35.33	2.44	1.55
1.76	18.54	11.95	19.45	35.33	2.44	2.46

　　对于面板厚度为 0.84mm 的夹芯结构,理论预测的失效模式是面板皱曲,与试验观察到的现象一致,如图 5-8 所示。由图 5-8(a)可见,在上面板出现了一种类似于正弦波的局部屈曲变形。理论预测的面板皱曲载荷为 1.29kN,但由试验测得的峰值载荷为 1.55kN。理论预测的失效载荷低于试验测得的峰值载荷,其主要原因为:在理论预测时杆件对面板的约束假定为简支,这样会低估面板皱曲的临界载荷,因为真实情况下杆件对面板有一定的约束作用。随着结构挠度的增加,上面板的局部皱曲挠度会继续增加。当面板内的压缩应力达到一个临界值时,面板由于压缩而突然折断,如图 5-8(b)所示。面板的折断发生在靠近压头的位置,

这也与理论预测吻合。与此同时,复合材料金字塔点阵结构的载荷-挠度曲线迅速跌落至零,结构将不再具有承载能力。

(a) 三点弯曲载荷下夹芯结构上面板的皱曲

(b) 在临近压头处上面板的折断

图 5-8　面板皱曲失效模式

对于面板厚度为 1.76mm 的夹芯结构,理论预测的失效模式是节点断裂,试验中也观察到这一现象,如图 5-9 所示。理论预测的节点断裂载荷为 2.44kN,由试验测得的峰值载荷为 2.46kN。由此可见,理论预测的失效载荷与试验测量得到的峰值载荷吻合很好。在三点弯曲载荷作用下,随着中心处载荷的增加,夹芯结构发生弯曲,随之带来芯子的转动。在夹芯结构的两端处,芯子转动的角度最大,因此在这一区域面芯间的剪应力最大,最容易发生节点破坏。随着点阵夹芯结构挠度的增加,节点断裂不断地发生,引起点阵夹芯结构载荷-挠度曲线呈现锯齿状的波动,每次下跌都对应着一个节点的断裂。在节点断裂后,点阵夹芯结构仍然具有一定的承载能力,约为峰值载荷的 70%。

图 5-9　在金字塔点阵结构两端处的节点断裂

5.6　本章小结

　　理论上预测了复合材料金字塔点阵结构在三点弯曲载荷作用下的挠度。考虑了面板压溃、面板皱曲、芯子压溃、芯子屈曲和节点断裂五种失效模式,对金字塔点阵结构破坏的临界载荷进行了预报。基于夹芯结构比弯曲刚度和比弯曲强度最大的原则,考虑了四种失效模式,对金字塔点阵夹芯梁在三点弯曲载荷下的杆件倾角、杆件半径、杆件长度、面板厚度和夹芯结构的长度进行了优化设计。最后,采用试验方法验证了金字塔点阵结构刚度和强度的理论公式,结果吻合较好。

第6章　复合材料点阵结构的扭转特性

6.1　引　　言

夹芯结构芯子对面板的分离,使得结构的弯曲刚度和扭转刚度大幅提高,所以经常用于抗弯结构和抗扭转结构。对于点阵桁架型夹芯结构,其承受扭转载荷的情况较为常见,如飞机的桁架式机翼。在飞机的飞行过程中,机翼前缘会承受升力作用,使得机翼受到扭矩的作用。图 6-1 所示的构架式机翼与本章介绍的桁架型点阵结构具有相似的构型。

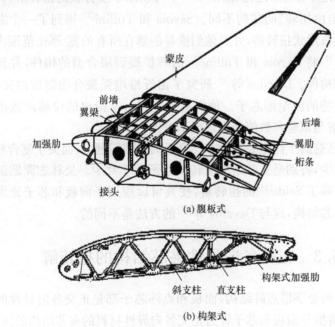

(a) 腹板式

(b) 构架式

图 6-1　常见机翼构型

(图片源于网络资料)

本章将介绍碳纤维复合材料金字塔点阵结构的扭转性能,主要内容如下:①综述扭转问题的发展过程,根据普朗特应力函数,推导面板和芯子皆为正交各向异性材料的夹芯结构扭转解,并研究夹芯结构材料和几何参数对扭转刚度的影响;②对复合材料金字塔点阵结构进行扭转试验,验证理论解的正确性;③建立两种有限元模型,等效材料模型和实际几何模型,采用有限元法分析复合材料金字塔点阵结构的扭转特性。

6.2　扭转问题综述

扭转问题作为弹性力学中的一个经典问题,已经有较长的发展历史。普朗特在 1903 年提出了柱体扭转问题的薄膜比拟法,继承并推广了圣维南所开创的塑性流动的研究[62]。目前,截面为圆形、椭圆形、等边三角形、矩形等简单形状柱体的扭转和弯曲问题已经得到了精确解答,薄壁杆件的扭转问题也得到了比较满意的结果。由于对复杂形状截面柱体的扭转和弯曲问题尚缺乏简便的计算方法,所以经常采用近似计算方法或试验方法加以解决。Seide[63]基于普朗特应力函数,推导了面板为各向同性材料而芯子为正交各向异性材料的夹芯结构的扭转解。Whitney[64]基于修正的剪切变形理论,给出了一个可以用于层合板的扭转解,并且考虑了"纯扭转"和"自由扭转"问题的不同。Savoia 和 Tullini[65]得到了一个方形正交各向异性板的级数形式扭转解,并且他们推导的解在所有的宽-厚比范围内都是精确的。Swanson[66]将 Savoia 和 Tullini[65]的解扩展到层合型的构件,并且使这种解可用于薄壁型构件。Davalos 等[67]研究了由纤维增强聚合物制成的夹芯梁,这种夹芯梁带有独特的波浪形芯子。他们基于 Whitney 给出的位移函数推导了扭转解,然后将此解与试验和数值结果进行了对比。

综合来看,已有的工作主要集中在层合板的扭转问题上,而关于复合材料夹芯结构的研究比较少,特别是夹芯结构扭转试验研究非常少。吴林志课题组基于普朗特应力函数扩展了 Seide[63]的扭转解,使其可以应用于面板和芯子皆为正交各向异性材料的夹芯结构,这与 Davalos 等[67]的方法是不同的。

6.3　正交各向异性夹芯结构的扭转解

对于复合材料金字塔点阵结构,面板和点阵芯子都是正交各向异性的。针对这类结构,本节将推导面板和芯子皆为正交各向异性材料的夹芯结构的扭转解。

6.3.1　基于普朗特应力函数的扭转解

如图 6-2 所示,首先定义一个空间直角坐标系 $Oxyz$,其中 x 轴垂直于 Oyz 平面,由内至外。对于夹芯结构的自由扭转问题,在面板和芯子中的应力分量 σ_x、σ_y、σ_z 和 τ_{yz} 可以近似看成零。因此,在扭转分析中,经常采用以下假设:①横截面在变形以后仍然近似为平面;②仅沿旋转轴方向会出现翘曲,并且翘曲沿着旋转轴方向是常数。根据上述假设,位移场函数可以表示成[63]

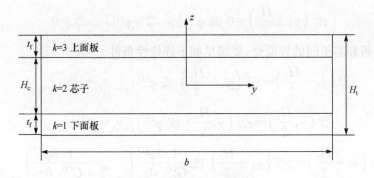

图 6-2　夹芯结构横截面

$$u^{(k)} = \Psi^{(k)}(y,z)\theta$$
$$v = -xz\theta \qquad\qquad (6\text{-}1)$$
$$w = xy\theta$$

式中，θ 是相对扭转角；$\Psi^{(k)}(y,z)$ 是第 k 层的翘曲位移函数，其中下面板 $k=1$，芯子 $k=2$，上面板 $k=3$。由于上下面板是关于芯子中面对称的，也可以是面板 $k=f$，芯子 $k=c$。将式(6-1)代入几何方程，再代入本构关系中，剪应力分量可以表示为

$$\tau_{xy}^{(k)} = G_{xy}^{(k)}\left(-z + \frac{\partial \Psi^{(k)}}{\partial y}\right)\theta$$
$$\qquad\qquad (6\text{-}2)$$
$$\tau_{xz}^{(k)} = G_{xz}^{(k)}\left(y + \frac{\partial \Psi^{(k)}}{\partial z}\right)\theta$$

非零的应力分量 τ_{xy} 和 τ_{xz} 是与坐标 x 无关的量，它们需要满足平衡方程

$$\frac{\partial \tau_{xy}^{(k)}}{\partial y} + \frac{\partial \tau_{xz}^{(k)}}{\partial z} = 0 \qquad\qquad (6\text{-}3)$$

为了求解满足式(6-3)的应力分量，引入普朗特应力函数 $\varphi^{(k)}$，使其与应力分量有如下关系式

$$\tau_{xy}^{(k)} = \frac{\partial \varphi^{(k)}}{\partial z}$$
$$\qquad\qquad (6\text{-}4)$$
$$\tau_{xz}^{(k)} = -\frac{\partial \varphi^{(k)}}{\partial y}$$

很显然，由式(6-4)给出的应力分量满足平衡方程，即式(6-3)。为了满足扭转变形的相容条件，由式(6-2)和式(6-4)可以得到

$$\frac{1}{G_{xy}^{(k)}}\frac{\partial^2 \varphi^{(k)}}{\partial z^2} + \frac{1}{G_{xz}^{(k)}}\frac{\partial^2 \varphi^{(k)}}{\partial y^2} = -2\theta \qquad\qquad (6\text{-}5)$$

对于夹芯板的扭转问题，在夹芯板左右两侧、上下面板处的边界条件可表示为

$$\tau_{xy}^{(k)}\left(\pm\frac{b}{2}, z\right) = 0 \text{ 或 } \varphi^{(k)}\big|_{y=\pm\frac{b}{2}} = 0 \qquad\qquad (6\text{-}6a)$$

$$\tau_{xz}^{(k)}\left(y,\pm\frac{H_{\mathrm{t}}}{2}\right)=0 \ \text{或} \ \varphi^{(1)}\,|_{z=-\frac{H_{\mathrm{t}}}{2}}=\varphi^{(3)}\,|_{z=+\frac{H_{\mathrm{t}}}{2}}=0 \tag{6-6b}$$

在面板和芯子间的界面处,要满足如下连续性条件

$$\tau_{xz}^{(1)}\left(y,-\frac{H_{\mathrm{c}}}{2}\right)=\tau_{xz}^{(2)}\left(y,-\frac{H_{\mathrm{c}}}{2}\right) \ \text{或} \ \varphi^{(1)}\,|_{z=-\frac{H_{\mathrm{c}}}{2}}=\varphi^{(2)}\,|_{z=-\frac{H_{\mathrm{c}}}{2}} \tag{6-7a}$$

$$\tau_{xz}^{(2)}\left(y,\frac{H_{\mathrm{c}}}{2}\right)=\tau_{xz}^{(3)}\left(y,\frac{H_{\mathrm{c}}}{2}\right) \ \text{或} \ \varphi^{(2)}\,|_{z=\frac{H_{\mathrm{c}}}{2}}=\varphi^{(3)}\,|_{z=\frac{H_{\mathrm{c}}}{2}} \tag{6-7b}$$

$$\gamma_{xy}^{(1)}\left(y,-\frac{H_{\mathrm{c}}}{2}\right)=\gamma_{xy}^{(2)}\left(y,-\frac{H_{\mathrm{c}}}{2}\right) \ \text{或} \ \frac{1}{G_{xy}^{(1)}}\frac{\partial\varphi^{(1)}}{\partial z}\bigg|_{z=-\frac{H_{\mathrm{c}}}{2}}=\frac{1}{G_{xy}^{(2)}}\frac{\partial\varphi^{(2)}}{\partial z}\bigg|_{z=-\frac{H_{\mathrm{c}}}{2}}$$
$$\tag{6-8a}$$

$$\gamma_{xy}^{(2)}\left(y,\frac{H_{\mathrm{c}}}{2}\right)=\gamma_{xy}^{(3)}\left(y,\frac{H_{\mathrm{c}}}{2}\right) \ \text{或} \ \frac{1}{G_{xy}^{(2)}}\frac{\partial\varphi^{(2)}}{\partial z}\bigg|_{z=\frac{H_{\mathrm{c}}}{2}}=\frac{1}{G_{xy}^{(3)}}\frac{\partial\varphi^{(3)}}{\partial z}\bigg|_{z=\frac{H_{\mathrm{c}}}{2}} \tag{6-8b}$$

在夹芯板 x 为常数的横截面上的扭矩可表示为

$$T=\int_{-b/2}^{b/2}\int_{-H_{\mathrm{t}}/2}^{-H_{\mathrm{c}}/2}(y\tau_{xz}^{(1)}-z\tau_{xy}^{(1)})\mathrm{d}z\mathrm{d}y+\int_{-b/2}^{b/2}\int_{-H_{\mathrm{c}}/2}^{H_{\mathrm{c}}/2}(y\tau_{xz}^{(2)}-z\tau_{xy}^{(2)})\mathrm{d}z\mathrm{d}y$$
$$+\int_{-b/2}^{b/2}\int_{H_{\mathrm{c}}/2}^{H_{\mathrm{t}}/2}(y\tau_{xz}^{(3)}-z\tau_{xy}^{(3)})\mathrm{d}z\mathrm{d}y \tag{6-9}$$

将式(6-4)代入式(6-9),通过分部积分,式(6-9)可以写成

$$T=2\int_{-b/2}^{b/2}\int_{-H_{\mathrm{t}}/2}^{-H_{\mathrm{c}}/2}\varphi^{(1)}\mathrm{d}z\mathrm{d}y+2\int_{-b/2}^{b/2}\int_{-H_{\mathrm{c}}/2}^{H_{\mathrm{c}}/2}\varphi^{(2)}\mathrm{d}z\mathrm{d}y+2\int_{-b/2}^{b/2}\int_{H_{\mathrm{c}}/2}^{H_{\mathrm{t}}/2}\varphi^{(3)}\mathrm{d}z\mathrm{d}y$$
$$\tag{6-10}$$

根据边界条件式(6-6a),应力函数可以假设为如下形式[63]

$$\varphi^{(k)}=\sum_{n=1,3,5,\cdots}^{\infty}Z_n^{(k)}(z)\cos\frac{n\pi y}{b} \tag{6-11}$$

将式(6-11)代入式(6-5)中,可得

$$\sum_{n=1,3,5,\cdots}^{\infty}\left[\frac{1}{G_{xy}^{(k)}}\frac{\mathrm{d}^2 Z_n^{(k)}}{\mathrm{d}z^2}-\frac{1}{G_{xz}^{(k)}}\left(\frac{n\pi}{b}\right)^2 Z_n^{(k)}(z)\right]\cos\frac{n\pi y}{b}=-2\theta \tag{6-12}$$

在式(6-12)两边乘以 $\cos\dfrac{m\pi y}{b}$,并在 $-b/2<y<b/2$ 内对变量 y 积分,可以得到

$$\frac{\mathrm{d}^2 Z_m^{(k)}}{\mathrm{d}z^2}-\frac{G_{xy}^{(k)}}{G_{xz}^{(k)}}\left(\frac{m\pi}{b}\right)^2 Z_m^{(k)}(z)=-\frac{8\theta G_{xy}^{(k)}}{m\pi}(-1)^{\frac{m-1}{2}} \quad (m=1,3,5,\cdots) \tag{6-13}$$

由常微分方程理论,式(6-13)的解可以表示成如下形式

$$Z_m^{(k)}(z)=A_m^{(k)}\cosh\left(\sqrt{\frac{G_{xy}^{(k)}}{G_{xz}^{(k)}}}\frac{m\pi}{b}z\right)+B_m^{(k)}\sinh\left(\sqrt{\frac{G_{xy}^{(k)}}{G_{xz}^{(k)}}}\frac{m\pi}{b}z\right)+\frac{8(-1)^{\frac{m-1}{2}}}{m^3\pi^3}G_{xz}^{(k)}b^2\theta$$
$$\tag{6-14}$$

由夹芯板几何对称性,剪应力 τ_{xy} 应该是关于坐标 z 的奇函数,而剪应力 τ_{xz} 应该是

关于坐标 y 的偶函数，由此可得

$$B_m^{(2)}=0, \quad B_m^{(1)}=-B_m^{(3)}, \quad A_m^{(1)}=A_m^{(3)} \tag{6-15}$$

将式(6-14)代入式(6-6a)、式(6-7a)和式(6-8a)中，可以得到三个关于未知数 $A_m^{(1)}$、$B_m^{(1)}$ 和 $A_m^{(2)}$ 的联立方程，即

$$A_m^{(1)}\cosh\left(\sqrt{\frac{G_{xy}^{(1)}}{G_{xz}^{(1)}}}\frac{m\pi H_{\rm t}}{b\ 2}\right)-B_m^{(1)}\sinh\left(\sqrt{\frac{G_{xy}^{(1)}}{G_{xz}^{(1)}}}\frac{m\pi H_{\rm t}}{b\ 2}\right)+\frac{8\,(-1)^{\frac{m-1}{2}}}{m^3\pi^3}G_{xz}^{(1)}b^2\theta=0 \tag{6-16a}$$

$$A_m^{(1)}\cosh\left(\sqrt{\frac{G_{xy}^{(1)}}{G_{xz}^{(1)}}}\frac{m\pi H_{\rm c}}{b\ 2}\right)-B_m^{(1)}\sinh\left(\sqrt{\frac{G_{xy}^{(1)}}{G_{xz}^{(1)}}}\frac{m\pi H_{\rm c}}{b\ 2}\right)+\frac{8\,(-1)^{\frac{m-1}{2}}}{m^3\pi^3}G_{xz}^{(1)}b^2\theta$$

$$=A_m^{(2)}\cosh\left(\sqrt{\frac{G_{xy}^{(2)}}{G_{xz}^{(2)}}}\frac{m\pi H_{\rm c}}{b\ 2}\right)+\frac{8\,(-1)^{\frac{m-1}{2}}}{m^3\pi^3}G_{xz}^{(2)}b^2\theta \tag{6-16b}$$

$$\frac{1}{G_{xy}^{(1)}}\left[-A_m^{(1)}\sqrt{\frac{G_{xy}^{(1)}}{G_{xz}^{(1)}}}\frac{m\pi}{b}\sinh\left(\sqrt{\frac{G_{xy}^{(1)}}{G_{xz}^{(1)}}}\frac{m\pi H_{\rm c}}{b\ 2}\right)+B_m^{(1)}\sqrt{\frac{G_{xy}^{(1)}}{G_{xz}^{(1)}}}\frac{m\pi}{b}\cosh\left(\sqrt{\frac{G_{xy}^{(1)}}{G_{xz}^{(1)}}}\frac{m\pi H_{\rm c}}{b\ 2}\right)\right]$$

$$=\frac{1}{G_{xy}^{(2)}}\left[-A_m^{(2)}\sqrt{\frac{G_{xy}^{(2)}}{G_{xz}^{(2)}}}\frac{m\pi}{b}\sinh\left(\sqrt{\frac{G_{xy}^{(2)}}{G_{xz}^{(2)}}}\frac{m\pi H_{\rm c}}{b\ 2}\right)\right] \tag{6-16c}$$

式(6-14)中的三个未知数便可以通过方程组(6-16)联立求解

$$A_m^{(1)}=\frac{8\,(-1)^{\frac{m-1}{2}}}{m^3\pi^3}G_{xz}^{(1)}b^2\theta$$

$$\times\frac{\left[\begin{array}{l}\cosh\left(\sqrt{\frac{G_{xy}^{(2)}}{G_{xz}^{(2)}}}\frac{m\pi H_{\rm c}}{b\ 2}\right)\cosh\left(\sqrt{\frac{G_{xy}^{(1)}}{G_{xz}^{(1)}}}\frac{m\pi H_{\rm c}}{b\ 2}\right)\\-\left[\sinh\left(\sqrt{\frac{G_{xy}^{(1)}}{G_{xz}^{(1)}}}\frac{m\pi H_{\rm c}}{b\ 2}\right)+\frac{G_{xz}^{(2)}-G_{xz}^{(1)}}{G_{xz}^{(1)}}\sinh\left(\sqrt{\frac{G_{xy}^{(1)}}{G_{xz}^{(1)}}}\frac{m\pi H_{\rm t}}{b\ 2}\right)\right]\sqrt{\frac{G_{xy}^{(1)}}{G_{xz}^{(2)}}}\sqrt{\frac{G_{xz}^{(1)}}{G_{xz}^{(2)}}}\sinh\left(\sqrt{\frac{G_{xy}^{(2)}}{G_{xz}^{(2)}}}\frac{m\pi H_{\rm c}}{b\ 2}\right)\end{array}\right]}{\left[\begin{array}{l}-\cosh\left(\sqrt{\frac{G_{xy}^{(2)}}{G_{xz}^{(2)}}}\frac{m\pi H_{\rm c}}{b\ 2}\right)\cosh\left(\sqrt{\frac{G_{xy}^{(1)}}{G_{xz}^{(1)}}}\frac{m\pi H_{\rm t}-H_{\rm c}}{b\ 2}\right)\\-\sinh\left(\sqrt{\frac{G_{xy}^{(1)}}{G_{xz}^{(1)}}}\frac{m\pi H_{\rm t}-H_{\rm c}}{b\ 2}\right)\sqrt{\frac{G_{xy}^{(1)}}{G_{xz}^{(2)}}}\sqrt{\frac{G_{xz}^{(1)}}{G_{xz}^{(2)}}}\sinh\left(\sqrt{\frac{G_{xy}^{(2)}}{G_{xz}^{(2)}}}\frac{m\pi H_{\rm c}}{b\ 2}\right)\end{array}\right]} \tag{6-17a}$$

$$B_m^{(1)}=\frac{A_m^{(1)}\cosh\left(\sqrt{\frac{G_{xy}^{(1)}}{G_{xz}^{(1)}}}\frac{m\pi H_{\rm t}}{b\ 2}\right)+\frac{8\,(-1)^{\frac{m-1}{2}}}{m^3\pi^3}G_{xz}^{(1)}b^2\theta}{\sinh\left(\sqrt{\frac{G_{xy}^{(1)}}{G_{xz}^{(1)}}}\frac{m\pi H_{\rm t}}{b\ 2}\right)} \tag{6-17b}$$

$A_m^{(2)}$

$$= \frac{A_m^{(1)} \sinh\left(\sqrt{\frac{G_{xy}^{(1)}}{G_{xz}^{(1)}}} \frac{m\pi}{b} \frac{H_t - H_c}{2}\right) - \frac{8(-1)^{\frac{m-1}{2}}}{m^3 \pi^3} G_{xz}^{(1)} b^2 \theta \left[\sinh\left(\sqrt{\frac{G_{xy}^{(1)}}{G_{xz}^{(1)}}} \frac{m\pi}{b} \frac{H_c}{2}\right) + \frac{G_{xz}^{(2)} - G_{xz}^{(1)}}{G_{xz}^{(1)}} \sinh\left(\sqrt{\frac{G_{xy}^{(1)}}{G_{xz}^{(1)}}} \frac{m\pi}{b} \frac{H_t}{2}\right)\right]}{\cosh\left(\sqrt{\frac{G_{xy}^{(2)}}{G_{xz}^{(2)}}} \frac{m\pi}{b} \frac{H_c}{2}\right) \sinh\left(\sqrt{\frac{G_{xy}^{(1)}}{G_{xz}^{(1)}}} \frac{m\pi}{b} \frac{H_t}{2}\right)}$$

$$(6\text{-}17\text{c})$$

将式(6-11)中的应力函数代入扭矩方程(6-10)中,可得等效扭转刚度$(GJ)_{eq}$的表达式为

$$(GJ)_{eq} = \frac{T}{\theta}$$

$$= 8 \sum_{m=1,3,5,\ldots}^{\infty} \frac{b}{m\pi} \cdot (-1)^{\frac{m-1}{2}} \cdot \left\{ \begin{array}{l} \frac{A_m^{(1)}}{\theta} \sqrt{\frac{G_{xz}^{(1)}}{G_{xy}^{(1)}}} \frac{b}{m\pi} \left[-\sinh\left(\sqrt{\frac{G_{xy}^{(1)}}{G_{xz}^{(1)}}} \frac{m\pi}{b} \frac{H_c}{2}\right) + \sinh\left(\sqrt{\frac{G_{xy}^{(1)}}{G_{xz}^{(1)}}} \frac{m\pi}{b} \frac{H_t}{2}\right) \right] \\ + \frac{B_m^{(1)}}{\theta} \sqrt{\frac{G_{xz}^{(1)}}{G_{xy}^{(1)}}} \frac{b}{m\pi} \left[\cosh\left(\sqrt{\frac{G_{xy}^{(1)}}{G_{xz}^{(1)}}} \frac{m\pi}{b} \frac{H_c}{2}\right) - \cosh\left(\sqrt{\frac{G_{xy}^{(1)}}{G_{xz}^{(1)}}} \frac{m\pi}{b} \frac{H_t}{2}\right) \right] \end{array} \right\}$$

$$+ 4 \sum_{m=1,3,5,\ldots}^{\infty} \frac{b}{m\pi} \cdot (-1)^{\frac{m-1}{2}} \cdot \left[\frac{A_m^{(2)}}{\theta} \sqrt{\frac{G_{xz}^{(2)}}{G_{xy}^{(2)}}} \frac{b}{m\pi} \sinh\left(\sqrt{\frac{G_{xy}^{(2)}}{G_{xz}^{(2)}}} \frac{m\pi}{b} \frac{H_c}{2}\right) \cdot 2 \right] + 2 \cdot \frac{1}{3} G_{xz}^{(1)} b^3 t_f + \frac{1}{3} G_{xz}^{(2)} b^3 H_c$$

$$(6\text{-}18)$$

至此,得到了面板和芯子皆为正交各向异性材料的夹芯结构的等效扭转刚度。

6.3.2 材料和几何参数对等效扭转刚度的影响

由式(6-18)不难发现,夹芯结构的等效扭转刚度具有比较复杂的表达式,不能直观地呈现等效扭转刚度与材料和几何参数之间的关系。然而,在理论分析中,人们有时会关注哪一个量对扭转刚度有重要影响,从而指导夹芯结构的设计。在本节中,采用数值分析研究材料和几何参数对夹芯结构等效扭转刚度的影响,如图 6-3 所示。

从图 6-3(a)和(d)可以看出,复合材料金字塔点阵结构等效扭转刚度对面板的面外剪切模量 $G_{xz}^{(f)}$ 和芯子的面内剪切模量 $G_{xy}^{(c)}$ 的变化不敏感,即使剪切模量 $G_{xz}^{(f)}$ 和 $G_{xy}^{(c)}$ 在很大的范围内变化,等效扭转刚度也增加很少。从图 6-3(b)和(c)可以发现,面板的面内剪切模量 $G_{xy}^{(f)}$ 和芯子的面外剪切模量 $G_{xz}^{(c)}$ 对复合材料金字塔点阵结构等效扭转刚度的影响非常相似。等效扭转刚度随着 $G_{xy}^{(f)}$ 和 $G_{xz}^{(c)}$ 的增加而迅速增大,经过一个平滑的过渡段后,等效扭转刚度趋向于一个极限值。

可以在过渡段上取某点的值为"转换值",如图 6-3(b)和(c)中星号所示的值。当剪切模量小于这个"转换值"时,即使一个很小的增加也会使扭转刚度增加很大;而大于这个"转换值"时,即使剪切模量增大很大,等效扭转刚度也增加很小。对于复合材料层合板和金字塔点阵芯子,可以通过改变铺层角度和空间构型来改变它们的剪切模量。因此,如果想提高纤维增强复合材料金字塔点阵结构的扭转刚度,

可以通过增加面板的面内剪切模量 $G_{xy}^{(f)}$ 和芯子的面外剪切模量 $G_{xz}^{(c)}$ 来实现。需要指出的是,这两个剪切模量也不是越大越好,而是存在一个与"转换值"对应的最佳值。例如,若以增加杆件的倾斜角度来提高芯子的面外剪切模量 $G_{xz}^{(c)}$,角度太小会使夹芯结构的等效扭转刚度不够大,而角度太大会使芯子的相对密度过大,降低了结构的质量效率。因此,杆件的倾斜角度有一个合适的值,使结构的等效扭转刚度和质量效率同时都很大。

从图 6-3(e)和(f)可以发现,复合材料金字塔点阵结构的等效扭转刚度与面板和芯子的厚度(t_f 和 H_c)近似呈线性关系。由图 6-3(g)可见,等效扭转刚度是夹芯结构宽度的指数函数,而这个指数约等于 3。这意味着,等效扭转刚度将随着结构宽度的增加而迅速增加。因此,结构宽度对等效扭转刚度的影响要大于面板和芯子的厚度。这些结果可以为下面的试验设计和数值模拟提供指导,同时也能给工程人员在设计夹芯结构时提供一些有益的启示。

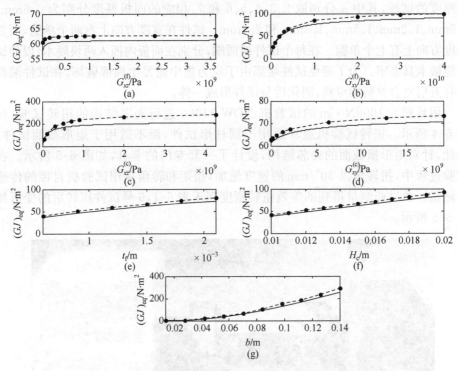

图 6-3　材料和几何参数对夹芯结构等效扭转刚度的影响

实线为理论分析结果,虚线为有限元模拟结果

6.4　复合材料点阵结构的扭转试验和数值分析

为了验证理论推导的正确性,采用试验和有限元模拟的方法对复合材料金字塔点阵结构的扭转问题进行研究。在有限元模拟中,建立了两种类型的有限元模型,即等效材料模型和实际几何有限元模型。等效材料模型更接近于理论模型,而实际几何模型更接近于试验中所使用的试件。采用商业有限元软件 ABAQUS-Standard 进行有限元模拟。

6.4.1　试验研究

对于碳纤维复合材料金字塔点阵结构试件,面板铺层角度为$(0°/90°/0°)_n$。为了分析面板厚度对复合材料金字塔点阵结构扭转特性的影响,设计了六种不同面板厚度的试件,其中 n 分别取 2、3、4、5、6 和 7,相应的面板厚度分别为 0.6mm、0.9mm、1.2mm、1.5mm、1.8mm 和 2.1mm。试件在宽度方向上有两个单胞,而在长度方向上有七个单胞。在每个试件的两端,分别在面板内插入两块硬木,以便试件能被卡具夹牢。为了避免试件端部由于应力集中而发生局部破坏,在试件端部裹有五层复合材料预浸料,固化后与试件形成一体。

用量程为 1000N·m 的试验机 NDW 31000 进行夹芯结构的扭转试验,如图 6-4 所示。扭转试验机通常适用于圆柱形试件,而不适用于矩形截面试件。为此,针对矩形横截面的夹芯结构,设计了一套专门的卡具,如图 6-5 所示。在试验过程中,扭转角以 30°/min 的速度施加,扭矩和转角采用试验机自带的传感器测量。由试验测量得到的等效扭转刚度列于表 6-1,6 号试件扭转后的变形如图 6-6 所示。

图 6-4　扭转试验机 NDW 31000

图 6-5　用于矩形截面的扭转卡具

图 6-6　试件 6 扭转后的变形图

表 6-1　理论预报、数值模拟和试验测量得到的等效扭转刚度

试件	宽度 /mm	长度 /mm	面板厚度 /mm	理论值 /N·m²	等效材料模型 /N·m²	实际几何模型 /N·m²	试验值 /N·m²
1	70	270	0.6	37.26	39.59	35.34	23.22
2	70	270	0.9	46.79	50.23	42.65	28.62
3	70	270	1.2	54.48	58.96	48.78	35.10
4	70	270	1.5	61.13	66.71	55.95	45.36
5	70	270	1.8	67.21	73.71	65.92	52.38
6	70	270	2.1	72.99	80.26	70.38	65.88

6.4.2　等效材料模型

在等效材料模型中,整个夹芯结构被定义成一个整体的实体板。对此实体板划分成三个部分:上下两块较薄,以此来模拟面板;中间一块较厚,以此来模拟芯子。然后,把面板和芯子都定义成正交各向异性材料,并且使材料的主轴和坐标轴重合。采用减缩积分单元 C3D8R[68]对面板和芯子实施网格剖分,通过收敛性分析给出可保证数值计算精度的网格密度。为了简便起见,有限元模型的一端施加固支边界条件,而在另一个自由端施加一对力偶,以此来模拟外加扭矩。试件 6 的等效材料有限元模型扭转后的变形图如图 6-7 所示。

图 6-7　试件 6 的等效材料有限元模型在扭转后的变形图(彩图见文后)

6.4.3　实际几何模型

在实际几何有限元模型中,首先建立一个金字塔点阵单胞,然后在长度和宽度方向上复制此单胞,以得到点阵芯子有限元模型。用实体板模拟复合材料层合面板,将此实体板沿着厚度方向分割成 $3n$ 个子块,以此来模拟多个单层。将面板和芯子采用"tie"操作连接起来。将夹芯结构有限元模型的一端固定起来,另外一端通过一对力偶来施加扭矩。用四节点线性四面体单元 C3D4 剖分芯子,用八节点减缩积分单元 C3D8R 来剖分面板。试件 6 的实际几何有限元模型在扭转后的变形如图 6-8 所示。

本节的有限元模型是用来计算复合材料金字塔点阵结构的等效扭转刚度的,没有考虑扭转时结构可能出现的破坏。从图 6-6～图 6-8 可以发现,有限元模型和试验中的试件在扭转以后的变形模式非常接近。复合材料金字塔点阵结构的理论、试验和有限元结果列于表 6-1。等效材料有限元模型也被用来研究材料和几何参数对夹芯结构等效扭转刚度的影响,如图 6-3 中的虚线所示。

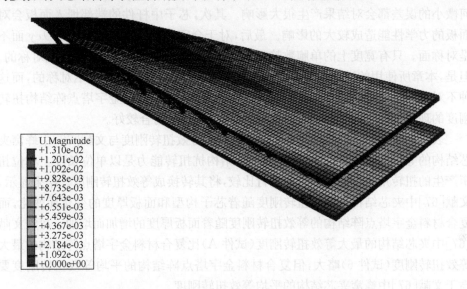

图 6-8　试件 6 的实际几何有限元模型在扭转后的变形图(彩图见文后)

6.4.4　结果与讨论

对于扭转问题,单位长度的扭转角和剪应变常用来作为衡量扭转效应的指标。对于具有复杂构型的夹芯结构,在理论上给出剪应变的分布几乎是不可能的,而试验测量剪应变也非常困难。因此,本章采用等效扭转刚度作为结构抗扭转能力的指标,而等效扭转刚度完全取决于结构的材料性能和几何尺寸。

从表 6-1 可以发现,由等效材料有限元模型给出的复合材料金字塔点阵结构的等效扭转刚度比理论预报的稍大。出现这一偏差的主要原因是:在等效材料有限元模型的一端施加了固支边界条件,而固支边界条件比理论分析中的自由扭转边界条件对夹芯结构端部的约束要强一些。由实际几何有限元模型得到的复合材料金字塔点阵结构的等效扭转刚度比理论预测值略小,可能是由金字塔点阵芯子面外和面内剪切模量的理论预报值误差导致的。对于离散型芯子,理论预报的夹芯结构扭转刚度比试验值要大一些。相比于等效材料有限元模型,实际几何有限元模型得到的结果与试验测量值吻合得更好,这主要是因为实际几何有限元模型的构型更接近于实际的试件。但由于实际几何有限元模型建模比较复杂,需要更多的单元,计算代价较大,所以在考虑计算成本的情况下,等效材料有限元模型是个合适的选择。

　　对复合材料金字塔点阵结构的扭转刚度,试验测量和理论预报之间偏差的原因如下:首先,对矩形横截面夹芯结构进行扭转试验相对来说比较困难,试验中任何微小的误差都会对结果产生很大影响。其次,芯子中杆件的端部埋入面板会对面板的力学性能造成较大的影响。最后,对于金字塔点阵芯子,试件的 Oxy 面不是对称面。只有宽度上的单胞数趋于无穷时,才能认为金字塔点阵芯子是对称的。但是,本章所使用的试件在宽度方向上只有两个单胞,严格来讲是不对称的,而这种不对称性也将降低结构的扭转刚度。总体来看,复合材料金字塔点阵结构扭转刚度的理论预报、试验测量和数值模拟结果之间仍然吻合较好。

　　表 6-2 比较了复合材料金字塔点阵结构的等效扭转刚度与文献[67]中蜂窝夹芯结构的等效扭转刚度。在文献[67]中,结构抗扭转能力是以单位长度上单位扭矩产生的扭转角来衡量的。为了进行比较,将其转换成等效扭转刚度。结果显示,文献[67]中夹芯结构的等效扭转刚度随着芯子构型和面板厚度的变化而变化,而复合材料金字塔点阵结构的等效扭转刚度随着面板厚度的增加而增加。尽管文献[67]中夹芯结构的最大等效扭转刚度(试件 A)比复合材料金字塔点阵结构的最大等效扭转刚度(试件 6)略大,但复合材料金字塔点阵结构的平均等效扭转刚度要高于文献[67]中蜂窝夹芯结构的平均等效扭转刚度。

表 6-2　夹芯结构等效扭转刚度的对比

试件	文献[67]扭转角/rad	等效扭转刚度/N·m²	试件	本章等效扭转刚度/N·m²
A	0.199524	87.29	1	23.22
B	0.257719	67.73	2	28.62
C	2.417566	7.24	3	35.10
D	0.841326	20.75	4	45.36
E	0.284322	61.46	5	52.38
F	1.145600	15.24	6	65.88
G	0.686695	24.44		
H	2.061748	8.47		
I	2.490725	7.01		
J	13.66573	1.28		

　　从扭转试验中发现,夹芯结构的强度(或失效扭矩)也是随着面板厚度的增加而增加的。在到达失效扭矩时,常见的失效模式为:①由于杆件的拉伸而出现的节点破坏;②层合面板分层破坏;③由于剪应力而导致的面板折断,如图 6-9 所示。

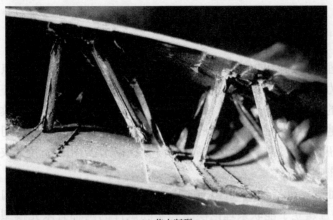

(a) 节点断裂

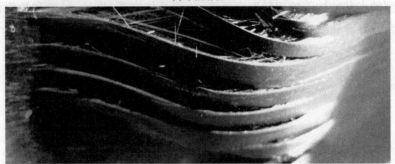

(b) 面板分层

(c) 面板折断

图 6-9 扭转载荷下复合材料金字塔点阵结构的破坏模式

6.5　本章小结

　　本章从理论、试验和数值模拟三个方面介绍了复合材料金字塔点阵结构在扭转载荷下的力学性能；基于普朗特应力函数，推导了面板和芯子皆为正交各向异性材料夹芯板的扭转解，并研究了材料性能和几何尺寸对夹芯结构等效扭转刚度的影响。与其他材料性能相比，面板的面内剪切模量和芯子的面外剪切模量对夹芯结构的等效扭转刚度影响更大；与其他几何参数相比，结构的宽度对夹芯结构的等效扭转刚度影响更大。

　　为了验证理论推导的正确性，对不同面板厚度的金字塔点阵结构试件进行了扭转试验，并且建立了能联系理论模型和实际试件的两种有限元模型。虽然试验测量得到的夹芯结构等效扭转刚度要略小，但总体来看，理论、试验和数值模拟结果间吻合较好。在考虑计算成本的情况下，采用等效材料有限元模型是一个很好的选择。

第 7 章　复合材料点阵结构的屈曲特性

7.1　引　言

夹芯结构在面内压缩载荷作用下的整体屈曲问题受到了广泛的关注,各种理论模型与计算方法迭出不穷。在这些研究工作中,Allen[55] 推导的临界屈曲载荷公式由于表达式简单、物理意义明确,得到了广泛的认可和应用。采用 Allen 提出的"折线"位移模型(该模型假设面板与芯子具有不同的转角,且芯子的转角是结构横向位移的函数),在其基础上考虑了面板的层合属性。采用能量变分方法推导了横向位移的通解表达式,通过边界条件确定通解中的未知系数,并计算了多种典型边界条件下夹芯结构的屈曲模态和临界屈曲载荷。本章提出的方法解决了欧拉-伯努利梁理论和铁木辛柯梁理论在夹芯结构屈曲长度较短的情况下计算误差偏大的问题。

7.2　Allen 模 型

Allen[55] 采用应变能方法对夹芯结构在面内压缩载荷作用下的整体屈曲问题进行了研究。从夹芯结构上截取长度为 $\mathrm{d}x$ 的微元,如图 7-1 所示,其中 t 和 c 分别表示面板和芯子的厚度,d 为上下面板中面间的距离,h 为夹芯结构的厚度。假设:

(1) 面板为各向同性均质材料;

(2) 面板较薄,且将其看成欧拉梁;

(3) 芯子较软,对结构的弯曲刚度没有贡献,剪应力沿芯子厚度方向为常数。

变形前后的夹芯结构分别如图 7-1(a)和(b)所示,其中 $abcde$ 表示变形前夹芯结构的中面法线。若不考虑剪切变形,根据经典的梁弯曲理论,原中面法线仍保持直线并与变形后的中面相垂直,如图中虚线 $a'b'c'd'e'$ 所示。对于夹芯结构而言,芯子厚而软,其剪切变形不可忽略,因此原中面法线 $abcde$ 将变形至折线 $a''b''$ $d''e''$ 所示的位置。由于面板发生的是纯弯曲变形,$a''b''$、$d''e''$ 与 $a'b'c'd'e'$ 保持平行;芯子的剪应变用 γ 表示,也可写作 $(1-\lambda)\dfrac{\mathrm{d}w}{\mathrm{d}x}$,其中 λ 沿结构跨度方向为常数,且满足 $-\dfrac{t}{c} \leqslant \lambda \leqslant 1$。$\lambda = 1$ 对应着极限情况 $\gamma = 0$,此时芯子很硬,其与面板同时发生纯弯曲变形；$\lambda=-\dfrac{t}{c}$ 对应着如图 7-2 所示的极限情况，此时芯子很软，其对结构的剪切刚度没有任何贡献，上、下面板相对于自身中面发生纯弯曲变形，芯子的作用仅仅是连接两面板，保证它们具有相同的横向位移。

Allen[55]基于图 7-1 所示的位移场，采用最小势能原理，对夹芯结构的整体屈曲问题进行了研究，得到两端简支边界条件下夹芯结构的临界屈曲载荷

$$P_n=\frac{n^2\pi^2}{L^2}\frac{Ebt}{2}\frac{n^2\pi^2Ect^3+2GL^2(t^2+3d^2)}{6GL^2+3n^2\pi^2Ect} \tag{7-1}$$

式中，n 为屈曲模态阶次；b 为夹芯结构的宽度；L 为夹芯结构的跨度；E 为面板的弹性模量；G 为芯子的剪切模量。

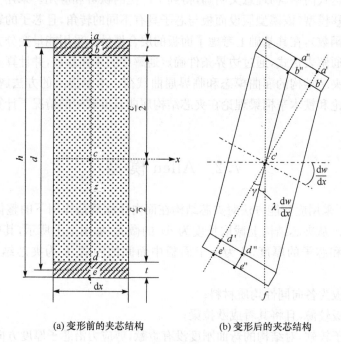

(a) 变形前的夹芯结构　　　　　(b) 变形后的夹芯结构

图 7-1　夹芯结构微元的变形[55]

相比于经典的欧拉理论和铁木辛柯理论，Allen 模型引入了"折线"形式的轴向位移假设，更好地反映了夹芯结构面板薄而硬、芯子厚而软的结构特征。然而，其模型仍然存在如下问题。

（1）Allen 考虑的夹芯结构面板为各向同性均匀材料，而本章关注的是复合材料点阵结构，需要考虑面板的层合属性。

（2）Allen 的推导是基于已知的位移形式。对于两端简支的夹芯结构，其横向位移可以写成正弦函数的形式，但对于其他边界条件下的夹芯结构，却很难直接给

出满足边界条件的横向位移表达式。为此，Allen 在其著作中仅对简支边界条件下夹芯结构的屈曲问题进行了研究。然而，在实际工况中，夹芯结构可能受到自由、滑动、固支等其他边界约束，夹芯结构在这些边界条件下的整体屈曲问题还亟须进一步研究。

（3）Allen 研究的夹芯结构芯子为均质材料，对于点阵芯子这种离散形式的结构，采用均匀化方法对其进行研究是否合理，还有待考查。

基于以上分析，本章将根据 Allen 提出的"折线"形式的位移假设，如图 7-1 所示，采用能量方法对复合材料点阵结构在面内压缩载荷作用下的整体屈曲问题进行研究。为了克

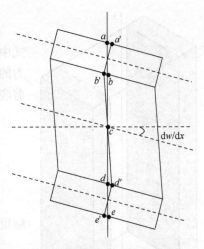

图 7-2　芯子剪切刚度近似为零时夹芯结构微元的变形[55]

服 Allen 模型的上述不足，在考虑面板的层合属性情况下，对各单层板的应力状态进行逐层分析。基于变分原理，求解横向位移的通解表达式，并对多种典型边界条件下夹芯结构的整体屈曲问题进行研究。最后，从能量的角度对芯层等效方法的合理性进行讨论。

7.3　复合材料点阵结构的临界屈曲载荷

将采用解析方法对复合材料金字塔点阵结构在多种边界条件下的整体屈曲问题进行研究。引入如图 7-3 所示的坐标系，x 轴、y 轴和 z 轴分别沿夹芯结构的长度、宽度和厚度方向，令芯子中面处的 z 坐标为零。

7.3.1　等效参数

本章所研究的金字塔点阵芯子构型如图 7-4 所示，其中 r_c、l_c 和 ω 分别表示杆件的半径、长度和倾斜角度。为充分利用碳纤维增强树脂基复合材料的承载能力，令纤维方向与杆件轴向一致。由图示几何关系求得金字塔点阵芯子的相对密度

$$\bar{\rho}_p = \frac{2\pi r_c^2}{l_c^2 \sin\omega \cos^2\omega} \tag{7-2}$$

取出金字塔点阵结构的 1/2 个单胞进行受力分析。如图 7-5 所示，金字塔点阵芯子的横向剪切模量可以表示为

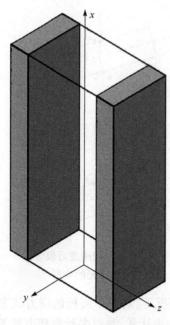

图 7-3　自定义坐标系

$$G_{xz}^{c} = \frac{\tau_{xz}^{c}}{\gamma_{xz}^{c}} \quad (7\text{-}3)$$

式中,上标 c 表示芯子。设杆件轴力为 F_A,根据力的平衡,中面上的剪力为 $2F_A\sin\omega$,芯子的横向剪应力和横向剪应变可分别表示为

$$\tau_{xz}^{c} = \frac{2F_A\sin\omega}{l_c\sin\omega \cdot \sqrt{2}l_c\cos\omega}$$

$$\gamma_{xz}^{c} = \frac{\Delta}{\sqrt{2}l_c\cos\omega/2} \quad (7\text{-}4)$$

由图示的几何关系可知,杆件 OA(或 OB)的缩短量为

$$OH = OG\sin\beta = OO'\sin\alpha\sin\beta = \Delta\sin\alpha\sin\beta \quad (7\text{-}5)$$

由图 7-5 还可以看出

$$OE = OF\sin\alpha = OA\sin\beta\sin\alpha = OA\sin\omega \quad (7\text{-}6)$$

这样,有关系式 $\sin\omega = \sin\alpha\sin\beta$。此时,杆件的轴向力 F_A 可以表示为

$$F_A = E_{11}\pi r_c^2 \frac{\Delta\sin\omega}{l_c} \quad (7\text{-}7)$$

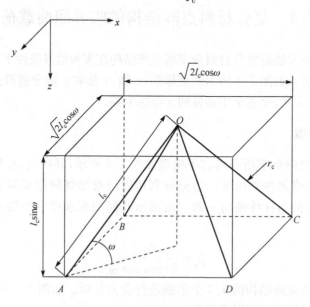

图 7-4　金字塔点阵芯子的单胞示意图

式中，E_{11} 是杆件沿着轴向的模量。

由式(7-3)、式(7-4)和式(7-7)，可以得到金字塔点阵芯子的横向剪切模量

$$G_{xz}^c = \frac{E_{11}\pi r_c^2}{l_c^2}\sin\omega \tag{7-8}$$

式(7-8)还可以写成

$$G_{xz}^c = \frac{\bar{\rho}}{8}E_{11}\sin^2(2\omega) \tag{7-9}$$

为了使一定相对密度芯子的横向剪切模量达到最大，可令杆件的倾斜角度 $\omega = 45°$。芯子的横向剪切刚度可以表示为

$$S = b\int_{-\frac{c}{2}}^{\frac{c}{2}} G_{xz}^c \,\mathrm{d}z = bcG_{xz}^c \tag{7-10}$$

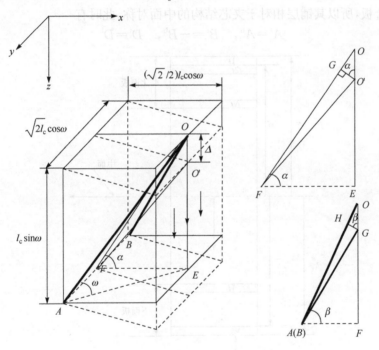

图 7-5　金字塔点阵芯子单胞的受力分析

夹芯结构的上、下面板采用相同铺层顺序的对称复合材料层合板，如图 7-6 所示。各单层板沿 x 方向的弹性模量为[69]

$$E_{xk} = \left[\frac{1}{E_{11}}\cos^4\theta_k + \left(\frac{1}{G_{12}} - \frac{2\nu_{12}}{E_{11}}\right)\sin^2\theta_k\cos^2\theta_k + \frac{1}{E_{22}}\sin^4\theta_k\right]^{-1} \tag{7-11}$$

式中，E_{11} 为碳纤维复合材料单向板沿纤维方向的弹性模量；E_{22} 为垂直于纤维方向的弹性模量；G_{12} 为面内剪切模量；ν_{12} 为主泊松比；θ 为铺设角度；下标 k 表示层合

板的第 k 层。上、下面板相对于夹芯结构中面的拉伸刚度 A、耦合刚度 B 和弯曲刚度 D 可分别表示为

$$A^{\mathrm{t}} = b\sum_{k=1}^{N} E_{xk}^{\mathrm{t}} \left[z_k^{\mathrm{t}} - z_{k-1}^{\mathrm{t}}\right], \qquad A^{\mathrm{b}} = b\sum_{k=1}^{N} E_{xk}^{\mathrm{b}} \left[z_k^{\mathrm{b}} - z_{k-1}^{\mathrm{b}}\right]$$

$$B^{\mathrm{t}} = \frac{b}{2}\sum_{k=1}^{N} E_{xk}^{\mathrm{t}} \left[(z_k^{\mathrm{t}})^2 - (z_{k-1}^{\mathrm{t}})^2\right], \quad B^{\mathrm{b}} = \frac{b}{2}\sum_{k=1}^{N} E_{xk}^{\mathrm{b}} \left[(z_k^{\mathrm{b}})^2 - (z_{k-1}^{\mathrm{b}})^2\right]$$

$$D^{\mathrm{t}} = \frac{b}{3}\sum_{k=1}^{N} E_{xk}^{\mathrm{t}} \left[(z_k^{\mathrm{t}})^3 - (z_{k-1}^{\mathrm{t}})^3\right], \quad D^{\mathrm{b}} = \frac{b}{3}\sum_{k=1}^{N} E_{xk}^{\mathrm{b}} \left[(z_k^{\mathrm{b}})^3 - (z_{k-1}^{\mathrm{b}})^3\right]$$

$$\text{(7-12)}$$

式中,上标 t 表示上面板,b 表示下面板。由于上、下面板是具有相同铺层顺序的对称层合板,所以其铺层相对于夹芯结构的中面对称,此时有

$$A^{\mathrm{t}} = A^{\mathrm{b}}, \quad B^{\mathrm{t}} = -B^{\mathrm{b}}, \quad D^{\mathrm{t}} = D^{\mathrm{b}} \tag{7-13}$$

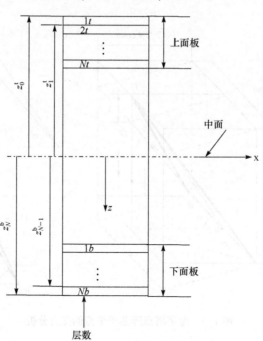

图 7-6 夹芯结构及复合材料层合面板

7.3.2 平衡方程

根据图 7-1 所示的几何关系,可得夹芯结构各部分沿 x 方向的位移 u(轴向位移)

$$u^{\mathrm{t}} = -\left[\frac{c}{2}(1-\lambda)+z\right]\frac{\mathrm{d}w}{\mathrm{d}x} \quad \left(-\frac{h}{2} \leqslant z \leqslant -\frac{c}{2}\right)$$

$$u^{\mathrm{c}} = -\lambda z \frac{\mathrm{d}w}{\mathrm{d}x} \quad \left(-\frac{c}{2} \leqslant z \leqslant \frac{c}{2}\right) \tag{7-14}$$

$$u^{\mathrm{b}} = -\left[\frac{c}{2}(\lambda-1)+z\right]\frac{\mathrm{d}w}{\mathrm{d}x} \quad \left(\frac{c}{2} \leqslant z \leqslant \frac{h}{2}\right)$$

在下面的分析中,仅考虑面板的面内拉伸(压缩)应变和芯子的横向剪切应变,相应的应变分量表达式为

$$\varepsilon_x^{\mathrm{t}} = \frac{\mathrm{d}u^{\mathrm{t}}}{\mathrm{d}x} = -\left[\frac{c}{2}(1-\lambda)+z\right]\frac{\mathrm{d}^2 w}{\mathrm{d}x^2} \quad \left(-\frac{h}{2} \leqslant z \leqslant -\frac{c}{2}\right)$$

$$\gamma_{xz}^{\mathrm{c}} = \frac{\mathrm{d}u^{\mathrm{c}}}{\mathrm{d}z} + \frac{\mathrm{d}w}{\mathrm{d}x} = (1-\lambda)\frac{\mathrm{d}w}{\mathrm{d}x} \quad \left(-\frac{c}{2} \leqslant z \leqslant \frac{c}{2}\right) \tag{7-15}$$

$$\varepsilon_x^{\mathrm{b}} = \frac{\mathrm{d}u^{\mathrm{b}}}{\mathrm{d}x} = -\left[\frac{c}{2}(\lambda-1)+z\right]\frac{\mathrm{d}^2 w}{\mathrm{d}x^2} \quad \left(\frac{c}{2} \leqslant z \leqslant \frac{h}{2}\right)$$

对于复合材料层合面板,需要逐层分析各单层板的应力状态。由本构方程,可得应力分量的表达式为

$$\sigma_{xk}^{\mathrm{t}} = E_{xk}^{\mathrm{t}}\varepsilon_x^{\mathrm{t}} = -E_{xk}^{\mathrm{t}}\left[\frac{c}{2}(1-\lambda)+z\right]\frac{\mathrm{d}^2 w}{\mathrm{d}x^2} \quad \left(-\frac{h}{2} \leqslant z \leqslant -\frac{c}{2}\right)$$

$$\tau_{xz}^{\mathrm{c}} = G_{xz}^{\mathrm{c}}\gamma_{xz}^{\mathrm{c}} = G_{xz}^{\mathrm{c}}(1-\lambda)\frac{\mathrm{d}w}{\mathrm{d}x} \quad \left(-\frac{c}{2} \leqslant z \leqslant \frac{c}{2}\right) \tag{7-16}$$

$$\sigma_{xk}^{\mathrm{b}} = E_{xk}^{\mathrm{b}}\varepsilon_x^{\mathrm{b}} = -E_{xk}^{\mathrm{b}}\left[\frac{c}{2}(\lambda-1)+z\right]\frac{\mathrm{d}^2 w}{\mathrm{d}x^2} \quad \left(\frac{c}{2} \leqslant z \leqslant \frac{h}{2}\right)$$

对式(7-16)进行积分,可以得到夹芯结构各部分的合力及合弯矩

$$N_x^{\mathrm{t}} = b\int_{-\frac{h}{2}}^{-\frac{c}{2}} \sigma_{xk}^{\mathrm{t}}\,\mathrm{d}z = -\left[\frac{c}{2}(1-\lambda)A^{\mathrm{t}}+B^{\mathrm{t}}\right]\frac{\mathrm{d}^2 w}{\mathrm{d}x^2}$$

$$M_x^{\mathrm{t}} = b\int_{-\frac{h}{2}}^{-\frac{c}{2}} \sigma_{xk}^{\mathrm{t}}z\,\mathrm{d}z = -\left[\frac{c}{2}(1-\lambda)B^{\mathrm{t}}+D^{\mathrm{t}}\right]\frac{\mathrm{d}^2 w}{\mathrm{d}x^2}$$

$$Q_z = b\int_{-\frac{c}{2}}^{\frac{c}{2}} \tau_{xz}^{\mathrm{c}}\,\mathrm{d}z = S(1-\lambda)\frac{\mathrm{d}w}{\mathrm{d}x} \tag{7-17}$$

$$N_x^{\mathrm{b}} = b\int_{\frac{c}{2}}^{\frac{h}{2}} \sigma_{xk}^{\mathrm{b}}\,\mathrm{d}z = -\left[\frac{c}{2}(\lambda-1)A^{\mathrm{b}}+B^{\mathrm{b}}\right]\frac{\mathrm{d}^2 w}{\mathrm{d}x^2}$$

$$M_x^{\mathrm{b}} = b\int_{\frac{c}{2}}^{\frac{h}{2}} \sigma_{xk}^{\mathrm{b}}z\,\mathrm{d}z = -\left[\frac{c}{2}(\lambda-1)B^{\mathrm{b}}+D^{\mathrm{b}}\right]\frac{\mathrm{d}^2 w}{\mathrm{d}x^2}$$

式中,N_x 和 M_x 分别表示面板的合力和合弯矩;Q_z 表示芯子的横向剪力。

下面,采用变分原理推导夹芯结构的平衡方程。根据最小势能原理,有

$$\delta W = \delta U + \delta V = 0 \tag{7-18}$$

式中，结构的虚应变能 δU 为

$$
\begin{aligned}
\delta U &= \int_0^L \!\!\int_A (\sigma_x \delta \epsilon_x + \tau_{xz} \delta \gamma_{xz}) \, \mathrm{d}A \mathrm{d}x \\
&= b \int_0^L \Big[\int_{-\frac{h}{2}}^{-\frac{c}{2}} (\sigma_x^t \delta \epsilon_x^t) \mathrm{d}z + \int_{-\frac{c}{2}}^{\frac{c}{2}} (\tau_{xz}^c \delta \gamma_{xz}^c) \mathrm{d}z + \int_{\frac{c}{2}}^{\frac{h}{2}} (\sigma_x^b \delta \epsilon_x^b) \mathrm{d}z \Big] \mathrm{d}x
\end{aligned}
\tag{7-19}
$$

将式(7-15)和式(7-16)代入式(7-19)中，通过分部积分可得

$$
\begin{aligned}
\delta U &= \int_0^L \Big[\Big(\frac{c}{2}(\lambda-1)(N_x^t - N_x^b) - M_x \Big) \frac{\mathrm{d}^2 \delta w}{\mathrm{d}x^2} - (\lambda-1) Q_z \frac{\mathrm{d}\delta w}{\mathrm{d}x} \Big] \mathrm{d}x \\
&= \int_0^L \Big[\Big(\frac{c}{2}(\lambda-1)(N_x^t - N_x^b) - M_x \Big)_{,xx} \delta w + (\lambda-1) Q_{z,x} \delta w \Big] \mathrm{d}x \\
&\quad + \Big[\Big(\frac{c}{2}(\lambda-1)(N_x^t - N_x^b) - M_x \Big) \frac{\mathrm{d}\delta w}{\mathrm{d}x} \\
&\quad - \Big(\frac{c}{2}(\lambda-1)(N_x^t - N_x^b) - M_x \Big)_{,x} \delta w - (\lambda-1) Q_z \delta w \Big]_0^L
\end{aligned}
\tag{7-20}
$$

式中，$F_{,x}$ 和 $F_{,xx}$ 分别表示函数 F 对 x 的一阶导数和二阶导数。

夹芯结构的中面在轴向压缩载荷作用下的变形如图 7-7 所示。截取中面上长度为 $\mathrm{d}s$ 的微元，其在 x 轴上的投影为 $\mathrm{d}x$。在外载荷 P 的作用下，该微元在 x 方向上缩短了 $\mathrm{d}s - \mathrm{d}x$。$\mathrm{d}s$ 可以表示为

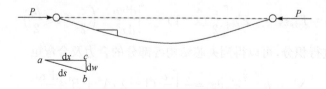

图 7-7　夹芯结构中面的变形

$$\mathrm{d}s = \sqrt{(\mathrm{d}x)^2 + (\mathrm{d}w)^2} = \mathrm{d}x \sqrt{1 + \Big(\frac{\mathrm{d}w}{\mathrm{d}x} \Big)^2} \tag{7-21}$$

而微元 $\mathrm{d}s$ 在 x 方向的缩短为

$$\mathrm{d}s - \mathrm{d}x = \mathrm{d}x \Big[\sqrt{1 + \Big(\frac{\mathrm{d}w}{\mathrm{d}x} \Big)^2} - 1 \Big] \tag{7-22}$$

由于斜率 $\dfrac{\mathrm{d}w}{\mathrm{d}x}$ 是一个很小的值，对 $\sqrt{1 + \Big(\dfrac{\mathrm{d}w}{\mathrm{d}x} \Big)^2}$ 进行泰勒展开，忽略高阶项可得

$$\mathrm{d}s - \mathrm{d}x = \mathrm{d}x \Big\{ 1 + \frac{1}{2} \Big(\frac{\mathrm{d}w}{\mathrm{d}x} \Big)^2 + o \Big[\Big(\frac{\mathrm{d}w}{\mathrm{d}x} \Big)^4 \Big] - 1 \Big\} = \frac{1}{2} \Big(\frac{\mathrm{d}w}{\mathrm{d}x} \Big)^2 \mathrm{d}x \tag{7-23}$$

整个夹芯结构在 x 方向的缩短为

$$\int_0^L \frac{1}{2}\left(\frac{\mathrm{d}w}{\mathrm{d}x}\right)^2 \mathrm{d}x \qquad (7\text{-}24)$$

因此,外载荷 P 所产生的势能 δV 为

$$\delta V = -\int_0^L P\delta\left[\frac{1}{2}\left(\frac{\mathrm{d}w}{\mathrm{d}x}\right)^2\right]\mathrm{d}x$$

$$= \int_0^L P\frac{\mathrm{d}^2 w}{\mathrm{d}x^2}\delta w\,\mathrm{d}x + \left(-P\frac{\mathrm{d}w}{\mathrm{d}x}\delta w\right)_0^L \qquad (7\text{-}25)$$

将式(7-20)和式(7-25)代入式(7-18),令 δw 的系数为零,可得夹芯结构的平衡方程为

$$\left[\frac{c}{2}(\lambda-1)(N_x^\mathrm{t}-N_x^\mathrm{b})-M_x\right]_{,xx} + (\lambda-1)Q_{z,x} + P\frac{\mathrm{d}^2 w}{\mathrm{d}x^2}=0 \quad (0<x<L)$$

$$(7\text{-}26)$$

将式(7-17)代入式(7-26),可得以横向位移 w 表示的平衡方程为

$$\left[\frac{c^2}{2}(\lambda-1)^2 A^\mathrm{t}-2c(\lambda-1)B^\mathrm{t}+2D^\mathrm{t}\right]\frac{\mathrm{d}^4 w}{\mathrm{d}x^4}-S\,(\lambda-1)^2\frac{\mathrm{d}^2 w}{\mathrm{d}x^2}+P\frac{\mathrm{d}^2 w}{\mathrm{d}x^2}=0$$

$$(7\text{-}27)$$

式(7-27)是一个常系数四阶常微分方程,由该式可以得到夹芯结构横向位移 w 的通解表达式为

$$w = C_1 \cos rx + C_2 \sin rx + C_3 x + C_4 \qquad (7\text{-}28)$$

式中

$$r = \left[\frac{P-S\,(\lambda-1)^2}{c^2\,(\lambda-1)^2 A^\mathrm{t}/2-2c(\lambda-1)B^\mathrm{t}+2D^\mathrm{t}}\right]^{\frac{1}{2}} \qquad (7\text{-}29)$$

当系统处于平衡状态时,式(7-27)相对于系数 λ 的偏导为零,即

$$\left[c^2(\lambda-1)A^\mathrm{t}-2cB^\mathrm{t}\right]\frac{\mathrm{d}^4 w}{\mathrm{d}x^4}-2S(\lambda-1)\frac{\mathrm{d}^2 w}{\mathrm{d}x^2}=0 \qquad (7\text{-}30)$$

由此,可解得

$$\lambda = \frac{(c^2 A^\mathrm{t}+2cB^\mathrm{t})(\mathrm{d}^4 w/\mathrm{d}x^4)-2S(\mathrm{d}^2 w/\mathrm{d}x^2)}{c^2 A^\mathrm{t}(\mathrm{d}^4 w/\mathrm{d}x^4)-2S(\mathrm{d}^2 w/\mathrm{d}x^2)} \qquad (7\text{-}31)$$

7.3.3 多种边界条件下的临界屈曲载荷

下面对夹芯结构在图 7-8 所示的多种典型边界条件下发生整体屈曲时的临界载荷进行理论预报。

(1) 两端简支:

$$x=0: w=\frac{\mathrm{d}^2 w}{\mathrm{d}x^2}=0, \quad x=L: w=\frac{\mathrm{d}^2 w}{\mathrm{d}x^2}=0 \qquad (7\text{-}32)$$

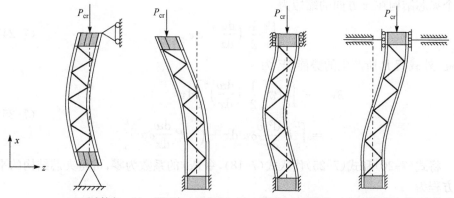

(a) 两端简支　(b) 一端固支,一端自由　(c) 一端固支,一端滑动　(d) 一端固支,一端两向滑动

图 7-8　典型边界条件下的点阵结构

将式(7-28)代入边界条件式(7-23),可得

$$C_1=C_3=C_4=0,\ r=\frac{n\pi}{L} \tag{7-33}$$

系数 C_2 可以取任意的非零值。此时,夹芯结构的横向位移为

$$w=C_2\sin\frac{n\pi x}{L} \tag{7-34}$$

将式(7-34)分别代入式(7-27)和式(7-31)可得

$$\left[\frac{c^2}{2}(\lambda-1)^2 A^{\mathrm{t}}-2c(\lambda-1)B^{\mathrm{t}}+2D^{\mathrm{t}}\right]\left(\frac{n\pi}{L}\right)^2+S\ (\lambda-1)^2-P=0 \tag{7-35}$$

$$\lambda=\frac{(c^2 A^{\mathrm{t}}+2cB^{\mathrm{t}})(n\pi/L)^2+2S}{c^2 A^{\mathrm{t}}\ (n\pi/L)^2+2S} \tag{7-36}$$

将式(7-36)中的系数 λ 代入式(7-35),可求得两边简支情况下夹芯结构的临界屈曲载荷

$$P_{\mathrm{cr}}=\frac{2c^2(A^{\mathrm{t}}D^{\mathrm{t}}-B^{\mathrm{t}}B^{\mathrm{t}})(n\pi/L)^4+4SD^{\mathrm{t}}\ (n\pi/L)^2}{c^2 A^{\mathrm{t}}\ (n\pi/L)^2+2S} \tag{7-37}$$

(2) 下端固支,上端自由:

$$x=0:w=\frac{\mathrm{d}w}{\mathrm{d}x}=0,\quad x=L:w=\zeta,\quad\frac{\mathrm{d}^2 w}{\mathrm{d}x^2}=0 \tag{7-38}$$

式中,ζ 表示夹芯结构在 $x=L$ 处的初始横向位移。将式(7-28)代入式(7-38)可得

$$C_1=-\zeta,\quad C_2=C_3=0,\quad C_4=\zeta,\quad r=\frac{(2n-1)\pi}{2L} \tag{7-39}$$

此时,夹芯结构的屈曲模态为

$$w=\zeta\left[1-\cos\frac{(2n-1)\pi x}{2L}\right] \tag{7-40}$$

将式(7-40)代入式(7-27)和式(7-31)可得

$$\left[\frac{c^2}{2}(\lambda-1)^2 A^t - 2c(\lambda-1)B^t + 2D^t\right]\left[\frac{(2n-1)\pi}{2L}\right]^2 + S(\lambda-1)^2 - P = 0$$

(7-41)

$$\lambda = \frac{(c^2 A^t + 2cB^t)\left[(2n-1)\pi/2L\right]^2 + 2S}{c^2 A^t \left[(2n-1)\pi/2L\right]^2 + 2S}$$

(7-42)

将式(7-42)代入式(7-41),可得结构的临界屈曲载荷为

$$P_{cr} = \frac{2c^2(A^t D^t - B^t B^t)\left[(2n-1)\pi/2L\right]^4 + 4SD^t\left[(2n-1)\pi/2L\right]^2}{c^2 A^t \left[(2n-1)\pi/2L\right]^2 + 2S}$$

(7-43)

(3) 下端固支,上端滑动:

$$x = 0: w = \frac{\mathrm{d}w}{\mathrm{d}x} = 0, \quad x = L: w = \frac{\mathrm{d}w}{\mathrm{d}x} = 0$$

(7-44)

将式(7-28)代入式(7-44)可得

$$C_1 = -C_4, \quad C_2 = C_3 = 0, \quad r = \frac{2n\pi}{L}$$

(7-45)

系数 C_1 可以取任意的非零值。此时,夹芯结构的横向位移为

$$w = C_1\left(\cos\frac{2n\pi x}{L} - 1\right)$$

(7-46)

将式(7-46)分别代入式(7-27)和式(7-31),可以得到系数 λ 和夹芯结构的临界屈曲载荷为

$$\lambda = \frac{(c^2 A^t + 2cB^t)(2n\pi/L)^2 + 2S}{c^2 A^t (2n\pi/L)^2 + 2S}$$

(7-47)

$$P_{cr} = \frac{2c^2(A^t D^t - B^t B^t)(2n\pi/L)^4 + 4SD^t(2n\pi/L)^2}{c^2 A^t (2n\pi/L)^2 + 2S}$$

(7-48)

(4) 下端固支,上端两向滑动:

$$x = 0: w = \frac{\mathrm{d}w}{\mathrm{d}x} = 0, x = L: w = \zeta, \frac{\mathrm{d}w}{\mathrm{d}x} = 0$$

(7-49)

将式(7-28)代入式(7-49)可得

$$C_1 = -\frac{\zeta}{2}, \quad C_2 = C_3 = 0, \quad C_4 = \frac{\zeta}{2}, \quad r = \frac{(2n-1)\pi}{L}$$

(7-50)

夹芯结构的屈曲模态为

$$w = \frac{\zeta}{2}\left[1 - \cos\frac{(2n-1)\pi x}{L}\right]$$

(7-51)

将式(7-51)代入式(7-27)和式(7-31),可得系数 λ 和临界屈曲载荷的表达式

$$\lambda = \frac{(c^2 A^t + 2cB^t)\left[(2n-1)\pi/L\right]^2 + 2S}{c^2 A^t \left[(2n-1)\pi/L\right]^2 + 2S}$$

(7-52)

$$P_{cr} = \frac{2c^2 (A^t D^t - B^t B^t) \left[(2n-1)\pi/L \right]^4 + 4SD^t \left[(2n-1)\pi/L \right]^2}{c^2 A^t \left[(2n-1)\pi/L \right]^2 + 2S} \tag{7-53}$$

7.4　复合材料点阵芯子等效方法的合理性验证

通过将金字塔点阵芯子等效为连续均匀材料,对夹芯结构的整体屈曲行为进行了研究。本节从能量的角度讨论芯子等效方法的有效性,分别计算夹芯结构在一端固支一端自由、一端固支一端两向滑动两种边界条件下,发生一阶整体屈曲时等效芯层与实际的离散杆件所储存的应变能,并进行比较。

7.4.1　等效芯子所储存的应变能

如图 7-8(b)所示,一端固支、一端自由时,夹芯结构的一阶屈曲模态由式(7-40)表示。令 $n=1$,将其代入式(7-15),可得到芯子横向剪切应变的表达式

$$\gamma_{xz}^c = (1-\lambda) \frac{\pi \zeta}{2L} \sin \frac{\pi x}{2L} \tag{7-54}$$

式中,系数 λ 由式(7-42)确定($n=1$)。等效芯层所储存的应变能为

$$\begin{aligned} U_{eq} &= \frac{1}{2} \int_0^L \int_A \tau_{xz}^c \gamma_{xz}^c \, \mathrm{d}A \mathrm{d}x \\ &= \frac{\pi^6 \zeta^2 bc^3 B^t B^t G_{xz}^c}{64L^5 \left[c^2 A^t (\pi/2L)^2 + 2S \right]^2} \end{aligned} \tag{7-55}$$

如图 7-8(d)所示,在一端固支、一端两向滑动的情况下,夹芯结构发生一阶整体屈曲时,其横向位移由式(7-51)表示。令 $n=1$,将其代入式(7-15),芯子横向剪切应变为

$$\gamma_{xz}^c = (1-\lambda) \frac{\pi \zeta}{2L} \sin \frac{\pi x}{L} \tag{7-56}$$

式中,系数 $\lambda = \dfrac{(c^2 A^t + 2cB^t)(\pi/L)^2 + 2S}{c^2 A^t (\pi/L)^2 + 2S}$。等效芯层所储存的应变能为

$$U_{eq} = \frac{\pi^6 \zeta^2 bc^3 B^t B^t G_{xz}^c}{4L^5 \left[c^2 A^t (\pi/L)^2 + 2S \right]^2} \tag{7-57}$$

7.4.2　离散杆件所储存的应变能

金字塔点阵芯子是一种典型的拉伸主导型结构,各个杆件通过拉伸(或压缩)变形来抵抗外载。将金字塔点阵芯子的杆件分为两类:将向左倾斜的杆件称为 Ⅰ 类杆(如图 7-4 中的杆件 OA 及杆件 OB),向右倾斜的杆件称为 Ⅱ 类杆(如图 7-4 中的杆件 OC、杆件 OD)。假设 A 点、O 点及 D 点发生的位移分别为 (u_1, w_1)、$(u_2,$

w_2)、(u_3, w_3)，通过几何关系，可以得到杆件 OA 及杆件 OD 的伸长

$$\Delta l_c^{\mathrm{I}} = \frac{1}{2}(u_2 - u_1) - \frac{\sqrt{2}}{2}(w_2 - w_1)$$

$$\Delta l_c^{\mathrm{II}} = \frac{1}{2}(u_3 - u_2) + \frac{\sqrt{2}}{2}(w_3 - w_2)$$

$$(7\text{-}58)$$

式中，上标 I 和 II 分别表示 I 类杆和 II 类杆。单根杆件所储存的应变能为

$$U_{\mathrm{Strut}} = \frac{E_{11}\pi r_c^2}{2l_c}(\Delta l_c)^2 \tag{7-59}$$

这样，如图 7-4 所示的金字塔点阵单胞所储存的总应变能为

$$U_{\mathrm{Cell}} = \frac{E_{11}\pi r_c^2}{l_c}\big[(\Delta l_c^{\mathrm{I}})^2 + (\Delta l_c^{\mathrm{II}})^2\big] \tag{7-60}$$

采用上述方法计算各单胞所储存的应变能，进行叠加，即可得到点阵芯子所储存的总应变能。

7.4.3　应变能比较

假设金字塔点阵结构由碳纤维增强复合材料制成，上、下面板均采用[0°/45°/0°/−45°/0°]$_s$铺层。铺设 0°层可有效提高结构的抗弯刚度，而铺设±45°层可以增强结构的剪切性能。材料的弹性模量如表 7-1 所示，结构的几何参数为：芯子厚度 $c=15\mathrm{mm}$，杆件半径 $r_c=1\mathrm{mm}$，预浸料的单层厚度为 0.1mm，因此面板的总厚度 $t=1\mathrm{mm}$。夹芯结构在宽度方向上具有三个单胞，长度方向上的单胞数目为 15 个。

分别计算下端固支、上端自由及下端固支、上端两向滑动两种情况下，等效芯层与离散杆件所储存的应变能，并进行比较，如图 7-9(a)、(b)所示。由图可以看出，采用等效芯层方法计算的应变能与由杆件拉伸/压缩变形所产生的应变能相当。这说明采用均匀化方法对点阵结构的屈曲问题进行研究具有较好的精度，同时这种方法大大简化了计算，非常适用于工程实际。

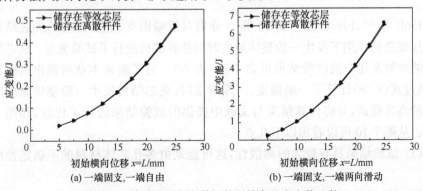

图 7-9　等效芯层与离散杆件所储存的应变能比较

7.5　结果与讨论

为了验证本章所介绍的解析方法,将该解析方法的预报结果分别与其他文献中提供的理论预报及试验结果进行比较。

7.5.1　与 Allen 模型的比较

若夹芯结构的面板由复合材料层合板退化为弹性模量为 E 的各向同性均匀材料,那么面板的拉伸、耦合和弯曲刚度分别为

$$A^t = b \int_{-\frac{h}{2}}^{-\frac{c}{2}} E \mathrm{d}z = Ebt$$

$$B^t = b \int_{-\frac{h}{2}}^{-\frac{c}{2}} Ez \, \mathrm{d}z = -\frac{1}{2} Ebtd \tag{7-61}$$

$$D^t = b \int_{-\frac{h}{2}}^{-\frac{c}{2}} Ez^2 \, \mathrm{d}z = \frac{1}{12} Ebt(3d^2 + t^2)$$

将式(7-61)代入式(7-37),简支边界条件下夹芯结构的临界屈曲载荷为

$$P_{cr} = \frac{n^2 \pi^2}{L^2} \frac{Ebt}{2} \frac{n^2 \pi^2 Ect^3 + 2G_{xz}^c L^2 (3d^2 + t^2)}{3n^2 \pi^2 Ect + 6G_{xz}^c L^2} \tag{7-62}$$

该式与 Allen[55] 推导的临界屈曲载荷预报公式(7-1)相同。与 Allen 的工作相比,本章所提出的解析方法考虑了面板的层合属性,适用于复合材料夹芯结构的临界屈曲载荷预报。同时,基于变分原理,给出了横向位移的通解表达式,进而求解了多种边界条件下夹芯结构发生整体屈曲时的临界载荷,而 Allen 在其著作中仅对简支边界条件下夹芯结构的屈曲问题进行了研究。

7.5.2　与试验结果的比较

Hoff 等[70]、Fleck 等[71] 和 Li 等[72] 分别对下端固支、上端滑动的夹芯结构在面内压缩载荷作用下发生一阶整体屈曲时的临界载荷进行了试验测量。夹芯结构的性能参数及相应的试验结果见表 7-1～表 7-3。为了验证本章所提出的解析方法,通过式(7-48)计算了一端固支、一端滑动时,夹芯结构发生一阶整体屈曲时所对应的临界载荷,并将计算结果与文献中提供的试验结果进行了比较,如图 7-10 所示。从图 7-10 可以看出以下几点。

(1)试验结果具有较大的离散性,这可能是由多孔芯体材料的不确定性所导致的。

(2)除了两个较短的夹芯结构(Fleck[71] 测量的长度分别为 19.2mm 和

20.3mm),解析预测与试验结果吻合得相对较好。

（3）从解析预测和试验结果都可以看出,当夹芯结构的长度较短时,临界屈曲载荷并不存在上限 $P_c = bcG_{xz}^c$。可见当芯子发生剪切失效时,夹芯结构的上、下面板仍然具有抵抗屈曲载荷的能力。

表 7-1　Hoff 等[70] 的试验结果

c/mm	t/mm	b/mm	G_c/MPa	E_f/GPa	L/mm	P_{cr}/N
6.35	2.06	25.40	17.25	73.77	127.00	7695
6.35	2.06	25.40	17.25	73.77	127.00	5267
6.35	2.06	25.40	17.25	73.77	127.00	6383
6.35	2.06	25.40	17.25	73.77	254.00	4982
6.35	2.06	25.40	17.25	73.77	254.00	5872
6.35	2.06	25.40	17.25	73.77	254.00	6316
6.35	2.06	25.40	17.25	73.77	381.00	4840
6.35	2.06	25.40	17.25	73.77	381.00	2847
6.35	2.06	25.40	17.25	73.77	381.00	4164
6.35	2.06	25.40	17.25	73.77	508.00	4337
6.35	2.06	25.40	17.25	73.77	508.00	3879
6.35	2.06	25.40	17.25	73.77	508.00	5614
9.53	2.06	25.40	17.25	73.77	127.00	7851
9.53	2.06	25.40	17.25	73.77	127.00	8905
9.53	2.06	25.40	17.25	73.77	127.00	7896
9.53	2.06	25.40	17.25	73.77	254.00	5582
9.53	2.06	25.40	17.25	73.77	254.00	9141
9.53	2.06	25.40	17.25	73.77	254.00	8741
9.53	2.06	25.40	17.25	73.77	381.00	6299
9.53	2.06	25.40	17.25	73.77	381.00	6219
9.53	2.06	25.40	17.25	73.77	381.00	7331
9.53	2.06	25.40	17.25	73.77	508.00	6650
9.53	2.06	25.40	17.25	73.77	508.00	7562
9.53	2.06	25.40	17.25	73.77	508.00	5258
6.35	0.81	25.40	17.25	70.33	254.00	2335
6.35	0.81	25.40	17.25	70.33	254.00	3443
6.35	0.81	25.40	17.25	70.33	254.00	3243

c/mm	t/mm	b/mm	G_c/MPa	E_f/GPa	L/mm	P_{cr}/N
6.35	0.81	25.40	17.25	70.33	381.00	2593
6.35	0.81	25.40	17.25	70.33	381.00	2438
6.35	0.81	25.40	17.25	70.33	38100	2180
6.35	0.81	25.40	17.25	70.33	508.00	2464
6.35	0.81	25.40	17.25	70.33	508.00	271
6.35	0.81	25.40	17.25	70.33	508.00	863
9.53	0.81	25.40	17.25	70.33	127.00	4889
9.53	0.81	25.40	17.25	70.33	127.00	2936
9.53	0.81	25.40	17.25	70.33	254.00	2713
9.53	0.81	25.40	17.25	70.33	254.00	4252
9.53	0.81	25.40	17.25	70.33	254.00	4706
9.53	0.81	25.40	17.25	70.33	381.00	3496
9.53	0.81	25.40	17.25	70.33	381.00	3670
9.53	0.81	25.40	17.25	70.33	508.00	3163
9.53	0.81	25.40	17.25	70.33	508.00	2082

表 7-2　Fleck 等[71]的试验结果

c/mm	t/mm	b/mm	G_c/MPa	E_f/GPa	L/mm	P_{cr}/N
10	1	36.00	13.00	30.00	20.30	9115.2
10	1	34.70	13.00	30.00	47.80	7078.8
10	1	35.50	13.00	30.00	49.40	5878.8
10	1	28.10	13.00	30.00	78.90	4653.4
10	1	34.00	43.80	30.00	19.20	17422
10	1	33.70	43.80	30.00	41.90	15003
10	1	33.50	43.80	30.00	48.90	16080
10	1	34.50	43.80	30.00	54.30	16477
10	1	36.10	43.80	30.00	67.80	16375
10	1	15.00	43.80	30.00	386.0	4968.0
10	1	20.00	110.0	30.00	306.0	7440.0
10	1	20.00	110.0	30.00	439.0	5640.0

表 7-3　Li 等[72] 的试验结果

c/mm	t/mm	b_c/mm	b_f/mm	G_c/MPa	E_f/GPa	L/mm	P_{cr}/N
15	2.50	75.40	100.0	42.50	47.75	148	52660
15	1.63	75.40	100.0	42.50	47.75	214	32110
15	2.52	75.40	100.0	42.50	47.75	264	45720

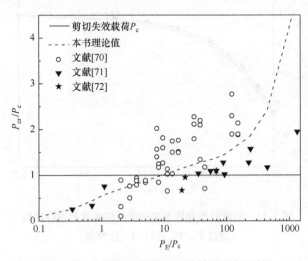

图 7-10　与文献中提供的试验结果进行比较

7.5.3　不同位移假设下的临界屈曲载荷

本章基于图 7-1 所示的"折线"形式的轴向位移假设,对夹芯结构的整体屈曲问题进行研究。下面将讨论不同的位移假设对临界屈曲载荷预报结果的影响。

欧拉-伯努利梁和铁木辛柯梁所预报的临界屈曲载荷分别为

$$P_E = 2D^t \left(\frac{\pi}{\mu L} \right)^2 \tag{7-63}$$

$$P_T = \frac{2SD^t \left[\pi/(\mu L) \right]^2}{S + 2D^t \left[\pi/(\mu L) \right]^2} \tag{7-64}$$

式中,下标 E 和 T 分别表示欧拉-伯努利梁和铁木辛柯梁;μ 为长度因数;μL 表示受压结构的有效长度。

假设夹芯结构下端固支、上端滑动($\mu = 0.5$),如图 7-8(c)所示,芯子的厚度为变量,其他材料和几何参数与 7.3.3 节所提供的相同。分别采用式(7-48)、式(7-63)及式(7-64)计算结构的临界屈曲载荷并进行比较,如图 7-11 所示。由图可以看出,本章所得的临界屈曲载荷介于 P_E 与 P_T 之间,与铁木辛柯梁的屈曲载荷 P_T 相接近。欧拉理论由于没有考虑结构的剪切变形,预报的临界屈曲载荷偏大。当面板与芯子的厚度之比 $\kappa = t/c$ 较小时,欧拉-伯努利梁理论的计算误差较大,这是由于当芯子相对较厚时,剪切变形的影响很大;而随着 κ 的增大,欧拉理论的计算误差将逐渐减小。对于极限情况 $\kappa \to \infty$,即芯子厚度 $c \to 0$,夹芯结构将退化为薄板结构,采用以上三种位移假设计算的临界屈曲载荷趋于一致。

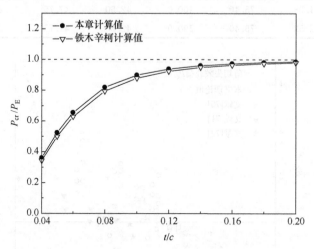

图 7-11　与欧拉梁和铁木辛柯梁的屈曲载荷进行比较

（通过 P_{cr}/P_E 进行归一化处理）

　　采用本章提出的解析方法计算不同边界条件下的临界屈曲载荷,分别通过 P_{cr}/P_E 和 P_{cr}/P_T 进行归一化处理,如图 7-12(a)、(b)所示。由图可以看出,随着边界条件的变化:一端固支、一端自由($\mu=2$);两端简支($\mu=1$);一端固支、一端滑动($\mu=0.5$),夹芯结构的有效长度缩短,芯子的横向剪切作用增强,欧拉-伯努利梁理论和铁木辛柯梁理论的计算误差均增大。对于极限情况 $\mu L \to 0$,由式(7-64)可得,$P_T \to S = bcG_{xz}^c = P_c$,即铁木辛柯梁理论预测的临界屈曲载荷趋向于芯子发生剪切失效时所对应的临界载荷。

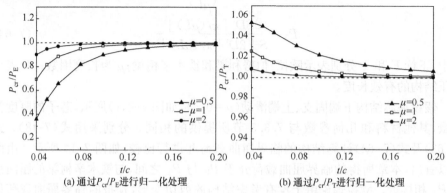

(a) 通过 P_{cr}/P_E 进行归一化处理　　　　(b) 通过 P_{cr}/P_T 进行归一化处理

图 7-12　不同边界条件下的临界屈曲载荷

7.6　本章小结

　　本章考虑了芯子的横向剪切变形,基于"折线"形式的轴向位移假设,对复合材料点阵结构在面内压缩载荷作用下的整体屈曲问题进行了研究。当面板由复合材料层合板退化为各向同性面板时,计算的临界屈曲载荷与 Allen[55] 的预报结果相一致。与已有的工作相比,本章考虑了面板的层合属性,适用于复合材料夹芯结构的屈曲问题研究;同时给出了横向位移的通解表达式,便于求解夹芯结构在多种边界条件下的临界屈曲载荷。对于芯层等效方法的合理性,本章从能量的角度给予了验证。通过将解析结果与文献[70]~[72]中提供的试验结果进行比较,验证了本章所提出的理论方法。与欧拉-伯努利梁和铁木辛柯梁的屈曲载荷相比,本章的预测结果介于两者之间,接近于铁木辛柯梁的屈曲载荷。

第 8 章 复合材料点阵结构的振动特性
8.1 引　言

在第 7 章中,采用最小势能原理,对复合材料点阵夹芯结构在面内压缩载荷作用下的整体屈曲问题进行了研究,本章将研究复合材料点阵结构的自由振动问题。首先,采用哈密顿原理,求解点阵夹芯结构在多种边界条件下的固有频率和固有振型。然后,针对点阵夹芯结构的特点,研究材料性能和几何参数对结构固有频率的影响。最后,采用试验模态分析和数值模拟方法分析芯体材料的局部损伤对复合材料点阵夹芯结构振动特性的影响。

8.2　夹芯结构振动特性的理论研究

Hwu 等[73]采用“直线”形式的轴向位移假设,如图 8-1(b)所示,对夹芯结构的自由振动问题进行了研究,推导的自由振动控制方程是关于横向位移 w 的四阶线性偏微分方程。采用该轴向位移假设能够方便地求解多种典型边界条件下夹芯结构的固有频率和固有振型。然而,“直线”位移模型不能准确真实地反映夹芯结构面板薄而硬、芯子厚而软的结构特征。本章将对其加以改进,采用 Allen[55] 提出的“折线”形式的轴向位移假设,在其基础上引入时间参数,对夹芯结构的自由振动问题进行研究。

8.2.1　基于“折线”模型的夹芯结构振动特性

夹芯结构的变形形式如图 8-1(c)所示,夹芯结构各部分沿 x 方向的位移 u 为(本章仅对宽跨比较小的夹芯结构的弯曲振动问题进行研究,不考虑结构在 y 方向的位移)

$$
\begin{aligned}
u^{\mathrm{t}} &= -\left[\frac{c}{2}(1-\lambda)+z\right]\frac{\partial w}{\partial x} \quad \left(-\frac{h}{2}\leqslant z\leqslant -\frac{c}{2}\right)\\[2mm]
u^{\mathrm{c}} &= -\lambda z\,\frac{\partial w}{\partial x} \quad\quad\quad\quad\quad \left(-\frac{c}{2}\leqslant z\leqslant \frac{c}{2}\right)\\[2mm]
u^{\mathrm{b}} &= -\left[\frac{c}{2}(\lambda-1)+z\right]\frac{\partial w}{\partial x} \quad \left(\frac{c}{2}\leqslant z\leqslant \frac{h}{2}\right)
\end{aligned}
\tag{8-1}
$$

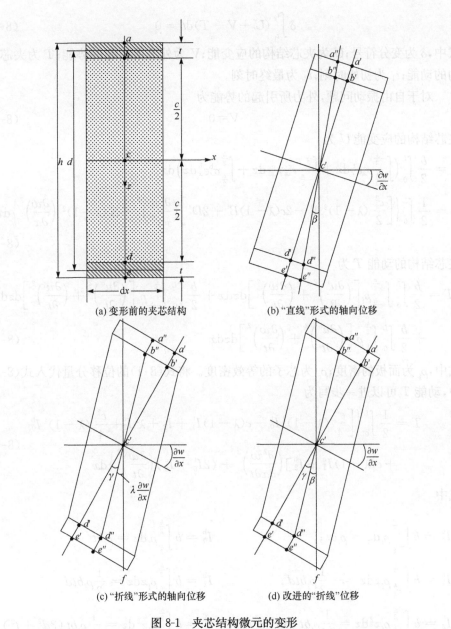

(a) 变形前的夹芯结构　　　　　　　　(b) "直线"形式的轴向位移

(c) "折线"形式的轴向位移　　　　　　(d) 改进的"折线"位移

图 8-1　夹芯结构微元的变形

　　由几何方程可以得到面板面内拉伸(压缩)应变和芯子横向剪切应变的表达式;根据本构方程可以得到相应应力分量的表达式。上述过程与第 7 章相似,这里不再赘述,唯一的区别在于这里的位移、应变及应力都是与时间有关的量。

　　下面,采用哈密顿原理推导夹芯结构的运动控制方程,即

$$\delta \int_{t_1}^{t_2} (U + V - T)\mathrm{d}t = 0 \tag{8-2}$$

式中，δ 为变分符号；U 为夹芯结构的应变能；V 为外力所引起的势能；T 为夹芯结构的动能；t_1 为初始时刻；t_2 为最终时刻。

对于自由振动问题，外力所引起的势能为

$$V = 0 \tag{8-3}$$

夹芯结构的应变能 U 为

$$U = \frac{b}{2}\int_0^L \left(\int_{-\frac{h}{2}}^{-\frac{c}{2}} \sigma_x^{\mathrm{t}}\varepsilon_x^{\mathrm{t}}\mathrm{d}z + \int_{-\frac{c}{2}}^{\frac{c}{2}} \tau_{xx}^{\mathrm{c}}\gamma_{xx}^{\mathrm{c}}\mathrm{d}z + \int_{\frac{c}{2}}^{\frac{h}{2}} \sigma_x^{\mathrm{b}}\varepsilon_x^{\mathrm{b}}\mathrm{d}z \right)\mathrm{d}x$$

$$= \frac{1}{2}\int_0^L \left\{ \left[\frac{c^2}{2}(\lambda-1)^2 A^{\mathrm{t}} - 2c(\lambda-1)B^{\mathrm{t}} + 2D^{\mathrm{t}} \right]\left(\frac{\partial^2 w}{\partial x^2} \right)^2 + S(\lambda-1)^2 \left(\frac{\partial w}{\partial x} \right)^2 \right\}\mathrm{d}x \tag{8-4}$$

夹芯结构的动能 T 为

$$T = \frac{b}{2}\int_0^L \int_{-\frac{h}{2}}^{-\frac{c}{2}} \rho_{\mathrm{f}}\left[\left(\frac{\partial u^{\mathrm{t}}}{\partial t} \right)^2 + \left(\frac{\partial w}{\partial t} \right)^2 \right]\mathrm{d}z\mathrm{d}x + \frac{b}{2}\int_0^L \int_{-\frac{c}{2}}^{\frac{c}{2}} \rho_{\mathrm{c}}\left[\left(\frac{\partial u^{\mathrm{c}}}{\partial t} \right)^2 + \left(\frac{\partial w}{\partial t} \right)^2 \right]\mathrm{d}z\mathrm{d}x$$

$$+ \frac{b}{2}\int_0^L \int_{\frac{c}{2}}^{\frac{h}{2}} \rho_{\mathrm{f}}\left[\left(\frac{\partial u^{\mathrm{b}}}{\partial t} \right)^2 + \left(\frac{\partial w}{\partial t} \right)^2 \right]\mathrm{d}z\mathrm{d}x \tag{8-5}$$

式中，ρ_{f} 为面板的密度；ρ_{c} 为芯子的等效密度。将式(8-1)的位移分量代入式(8-5)中，动能 T 可以进一步写为

$$T = \frac{1}{2}\int_0^L \left\{ \left[\frac{c^2}{4}(\lambda-1)^2 I_0^{\mathrm{t}} - c(\lambda-1)I_1^{\mathrm{t}} + I_2^{\mathrm{t}} + \lambda^2 I_2^{\mathrm{c}} + \frac{c^2}{4}(\lambda-1)^2 I_0^{\mathrm{b}} \right.\right.$$

$$\left.\left. + c(\lambda-1)I_1^{\mathrm{b}} + I_2^{\mathrm{b}} \right]\left(\frac{\partial^2 w}{\partial x \partial t} \right)^2 + (2I_0^{\mathrm{t}} + I_0^{\mathrm{c}})\left(\frac{\partial w}{\partial t} \right)^2 \right\}\mathrm{d}x \tag{8-6}$$

式中

$$I_0^{\mathrm{t}} = b\int_{-\frac{h}{2}}^{-\frac{c}{2}} \rho_{\mathrm{f}}\mathrm{d}z = \rho_{\mathrm{f}}bt; \qquad\qquad I_0^{\mathrm{b}} = b\int_{\frac{c}{2}}^{\frac{h}{2}} \rho_{\mathrm{f}}\mathrm{d}z = \rho_{\mathrm{f}}bt$$

$$I_1^{\mathrm{t}} = b\int_{-\frac{h}{2}}^{-\frac{c}{2}} \rho_{\mathrm{f}}z\mathrm{d}z = -\frac{1}{2}\rho_{\mathrm{f}}btd; \qquad I_1^{\mathrm{b}} = b\int_{\frac{c}{2}}^{\frac{h}{2}} \rho_{\mathrm{f}}z\mathrm{d}z = \frac{1}{2}\rho_{\mathrm{f}}btd$$

$$I_2^{\mathrm{t}} = b\int_{-\frac{h}{2}}^{-\frac{c}{2}} \rho_{\mathrm{f}}z^2\mathrm{d}z = \frac{1}{12}\rho_{\mathrm{f}}bt(3d^2+t^2); \quad I_2^{\mathrm{b}} = b\int_{\frac{c}{2}}^{\frac{h}{2}} \rho_{\mathrm{f}}z^2\mathrm{d}z = \frac{1}{12}\rho_{\mathrm{f}}bt(3d^2+t^2)$$

$$I_0^{\mathrm{c}} = b\int_{-\frac{c}{2}}^{\frac{c}{2}} \rho_{\mathrm{c}}\mathrm{d}z = \rho_{\mathrm{c}}bc; \qquad\qquad I_2^{\mathrm{c}} = b\int_{-\frac{c}{2}}^{\frac{c}{2}} \rho_{\mathrm{c}}z^2\mathrm{d}z = \frac{1}{12}\rho_{\mathrm{c}}bc^3$$

$$\tag{8-7}$$

将式(8-3)、式(8-4)和式(8-6)代入式(8-2)，可以得到夹芯结构的自由振动

控制方程

$$\left[\frac{c^2}{2}(\lambda-1)^2 A^{\mathrm t}-2c(\lambda-1)B^{\mathrm t}+2D^{\mathrm t}\right]\frac{\partial^4 w}{\partial x^4}-S\,(\lambda-1)^2\,\frac{\partial^2 w}{\partial x^2}$$

$$=\left[\frac{c^2}{2}(\lambda-1)^2 I_0^{\mathrm t}-2c(\lambda-1)I_1^{\mathrm t}+2I_2^{\mathrm t}+\lambda^2 I_2^{\mathrm c}\right]\frac{\partial^4 w}{\partial x^2 \partial t^2}-(2I_0^{\mathrm t}+I_0^{\mathrm c})\frac{\partial^2 w}{\partial t^2} \tag{8-8}$$

当系统处于平衡状态时,式(8-8)相对于系数 λ 的偏导为零,即

$$\left[c^2(\lambda-1)A^{\mathrm t}-2cB^{\mathrm t}\right]\frac{\partial^4 w}{\partial x^4}-2S(\lambda-1)\frac{\partial^2 w}{\partial x^2}$$

$$=\left[c^2(\lambda-1)I_0^{\mathrm t}-2cI_1^{\mathrm t}+2\lambda I_2^{\mathrm c}\right]\frac{\partial^4 w}{\partial x^2 \partial t^2} \tag{8-9}$$

由此可以得到系数 λ 的表达式

$$\lambda=\frac{(c^2 A^{\mathrm t}+2cB^{\mathrm t})\dfrac{\partial^4 w}{\partial x^4}-(c^2 I_0^{\mathrm t}+2cI_1^{\mathrm t})\dfrac{\partial^4 w}{\partial x^2 \partial t^2}-2S\dfrac{\partial^2 w}{\partial x^2}}{c^2 A^{\mathrm t}\dfrac{\partial^4 w}{\partial x^4}-(c^2 I_0^{\mathrm t}+2I_2^{\mathrm c})\dfrac{\partial^4 w}{\partial x^2 \partial t^2}-2S\dfrac{\partial^2 w}{\partial x^2}} \tag{8-10}$$

对于长度为 L 的简支夹芯结构,其边界条件为

$$x=0:w=\frac{\partial^2 w}{\partial x^2}=0,\quad x=L:w=\frac{\partial^2 w}{\partial x^2}=0 \tag{8-11}$$

对于上述简支边界条件,夹芯结构挠度 w 可以取成如下形式

$$\sum_{n=1}^{\infty} w_n(x)\mathrm e^{\mathrm i\omega_n t}=\sum_{n=1}^{\infty} a_n \sin\frac{n\pi x}{L}\mathrm e^{\mathrm i\omega_n t} \tag{8-12}$$

式中,$\omega_n(x)$ 为振型;ω_n 为相应的固有频率;n 表示模态阶数。将式(8-12)代入式(8-8)和式(8-10),可得

$$\left[\frac{c^2}{2}(\lambda_n-1)^2 A^{\mathrm t}-2c(\lambda_n-1)B^{\mathrm t}+2D^{\mathrm t}\right]\left(\frac{n\pi}{L}\right)^4+S\,(\lambda_n-1)^2\,\left(\frac{n\pi}{L}\right)^2$$

$$=\omega_n^2\left\{\left[\frac{c^2}{2}(\lambda_n-1)^2 I_0^{\mathrm t}-2c(\lambda_n-1)I_1^{\mathrm t}+2I_2^{\mathrm t}+\lambda_n^2 I_2^{\mathrm c}\right]\left(\frac{n\pi}{L}\right)^2+(2I_0^{\mathrm t}+I_0^{\mathrm c})\right\}$$

$$\tag{8-13}$$

$$\lambda_n=\frac{(c^2 A^{\mathrm t}+2cB^{\mathrm t})(n\pi/L)^2-\omega_n^2(c^2 I_0^{\mathrm t}+2cI_1^{\mathrm t})+2S}{c^2 A^{\mathrm t}(n\pi/L)^2-\omega_n^2(c^2 I_0^{\mathrm t}+2I_2^{\mathrm c})+2S} \tag{8-14}$$

将式(8-14)中的 λ_n 代入式(8-13),即可求得简支夹芯结构的固有频率 ω_n。

Ahmed[74] 和 Hwu[75] 分别采用有限元方法和解析方法对夹芯结构的振动问题进行了研究。下面将采用文献[74]所提供的材料和几何参数计算简支夹芯结构的固有频率:

$E_{\mathrm f}=68.9\mathrm{GPa},\qquad t=0.4572\mathrm{mm},\quad \rho_{\mathrm f}=2680\mathrm{kg/m^3},$

$G_{\mathrm c}=0.08268\mathrm{GPa},\ c=12.7\mathrm{mm},\qquad \rho_{\mathrm c}=32.8\mathrm{kg/m^3},\quad L=0.9144\ \mathrm m$

　　从表 8-1 可以看出,本章的计算结果与 Ahmed[74] 和 Hwu[75] 提供的数据相对吻合较好,这说明采用上述解析方法计算简支夹芯结构的固有频率是可靠的。

表 8-1　简支夹芯结构的固有频率比较　　　　　　　（单位：Hz）

模态阶数	Ahmed[74]	Hwu[75]	本章结果
1	56	58	57
2	—	221	219
3	451	459	465
4	—	742	767
5	1073	1048	1105

　　本节沿用 Allen[55] 所提出的“折线”形式的轴向位移假设,在其基础上引入时间参数,研究简支夹芯结构的自由振动问题,推导的夹芯结构的自由振动控制方程是关于横向位移 w 的四阶线性偏微分方程。通过与 Ahmed[74] 和 Hwu 等[75] 提供的数据进行比较,验证了目前的解析方法。然而,在图 8-1 (c)所示的变形模式中,Allen 认为用来表征芯子变形能力的系数 λ 沿结构的跨度方向是常数。尽管采用这样一个位移假设能够方便地求解夹芯结构的屈曲问题及简支夹芯结构的自由振动问题,但是对固支夹芯结构的自由振动问题进行求解时,这一假设存在不合理性。为此,本章对图 8-1(c)所示的位移模型进行改进,用 β 代替 $-\lambda \cdot \partial w/\partial x$ 表示芯子所发生的转角（逆时针方向为正）,如图 8-1(d)所示。这样转角 β 与横向位移 w 将是两个独立的函数,避免了系数 λ 是否为常数的问题。至于为什么“系数 λ 沿结构跨度方向是常数”的假设在简支边界条件下适用,而在固支边界条件下不适用,下面将会进行详尽的讨论。

8.2.2　基于改进“折线”模型的夹芯结构振动特性

　　夹芯结构的变形如图 8-1(d)所示,各部分沿 x 方向的位移 u 可以表示为

$$
\begin{aligned}
u^{\mathrm{t}} &= -\frac{c}{2}\beta - \left(z+\frac{c}{2}\right)\frac{\partial w}{\partial x} && \left(-\frac{h}{2}\leqslant z\leqslant -\frac{c}{2}\right) \\
u^{\mathrm{c}} &= z\beta && \left(-\frac{c}{2}\leqslant z\leqslant \frac{c}{2}\right) \\
u^{\mathrm{b}} &= \frac{c}{2}\beta - \left(z-\frac{c}{2}\right)\frac{\partial w}{\partial x} && \left(\frac{c}{2}\leqslant z\leqslant \frac{h}{2}\right)
\end{aligned}
\tag{8-15}
$$

根据几何方程,可以得到相应应变分量的表达式

$$\varepsilon_x^{\mathrm{t}} = \frac{\partial u^{\mathrm{t}}}{\partial x} = -\frac{c}{2}\frac{\partial \beta}{\partial x} - \left(z+\frac{c}{2}\right)\frac{\partial^2 w}{\partial x^2} \qquad \left(-\frac{h}{2} \leqslant z \leqslant -\frac{c}{2}\right)$$

$$\gamma_{xz}^{\mathrm{c}} = \frac{\partial u^{\mathrm{c}}}{\partial z} + \frac{\partial w}{\partial x} = \beta + \frac{\partial w}{\partial x} \qquad \left(-\frac{c}{2} \leqslant z \leqslant \frac{c}{2}\right) \qquad (8\text{-}16)$$

$$\varepsilon_x^{\mathrm{b}} = \frac{\partial u^{\mathrm{b}}}{\partial x} = \frac{c}{2}\frac{\partial \beta}{\partial x} - \left(z-\frac{c}{2}\right)\frac{\partial^2 w}{\partial x^2} \qquad \left(\frac{c}{2} \leqslant z \leqslant \frac{h}{2}\right)$$

对于线弹性问题,可通过本构关系得到应力分量的表达式

$$\sigma_{xk}^{\mathrm{t}} = E_{xk}^{\mathrm{t}}\varepsilon_x^{\mathrm{t}} = -E_{xk}^{\mathrm{t}}\left[\frac{c}{2}\frac{\partial \beta}{\partial x} + \left(z+\frac{c}{2}\right)\frac{\partial^2 w}{\partial x^2}\right] \qquad \left(-\frac{h}{2} \leqslant z \leqslant -\frac{c}{2}\right)$$

$$\tau_{xz}^{\mathrm{c}} = G_{xz}^{\mathrm{c}}\gamma_{xz}^{\mathrm{c}} = G_{xz}^{\mathrm{c}}\left(\beta+\frac{\partial w}{\partial x}\right) \qquad \left(-\frac{c}{2} \leqslant z \leqslant \frac{c}{2}\right) \qquad (8\text{-}17)$$

$$\sigma_{xk}^{\mathrm{b}} = E_{xk}^{\mathrm{b}}\varepsilon_x^{\mathrm{b}} = E_{xk}^{\mathrm{b}}\left[\frac{c}{2}\frac{\partial \beta}{\partial x} - \left(z-\frac{c}{2}\right)\frac{\partial^2 w}{\partial x^2}\right] \qquad \left(\frac{c}{2} \leqslant z \leqslant \frac{h}{2}\right)$$

若夹芯结构的面板是复合材料层合板,需要逐层计算各单层板的应力状态。根据式(8-16)和式(8-17),夹芯结构的应变能为

$$U = \frac{b}{2}\int_0^L \left(\int_{-\frac{h}{2}}^{-\frac{c}{2}} \sigma_x^{\mathrm{t}}\varepsilon_x^{\mathrm{t}}\mathrm{d}z + \int_{-\frac{c}{2}}^{\frac{c}{2}} \tau_{xz}^{\mathrm{c}}\gamma_{xz}^{\mathrm{c}}\mathrm{d}z + \int_{\frac{c}{2}}^{\frac{h}{2}} \sigma_x^{\mathrm{b}}\varepsilon_x^{\mathrm{b}}\mathrm{d}z\right)\mathrm{d}x$$

$$= \frac{1}{2}\int_0^L \left[\frac{c^2}{2}A^{\mathrm{t}}\left(\frac{\partial \beta}{\partial x}\right)^2 + (c^2 A^{\mathrm{t}} + 2cB^{\mathrm{t}})\frac{\partial \beta}{\partial x}\frac{\partial^2 w}{\partial x^2}\right.$$

$$\left. + \left(\frac{c^2}{2}A^{\mathrm{t}} + 2cB^{\mathrm{t}} + 2D^{\mathrm{t}}\right)\left(\frac{\partial^2 w}{\partial x^2}\right)^2 + S\beta^2 + 2S\beta\frac{\partial w}{\partial x} + S\left(\frac{\partial w}{\partial x}\right)^2\right]\mathrm{d}x \quad (8\text{-}18)$$

对式(8-18)变分可得

$$\delta U = \int_0^L \left\{\left[-\frac{c^2}{2}A^{\mathrm{t}}\frac{\partial^2 \beta}{\partial x^2} - \frac{c^2}{2}A^{\mathrm{t}}\frac{\partial^3 w}{\partial x^3} - cB^{\mathrm{t}}\frac{\partial^3 w}{\partial x^3} + S\left(\beta+\frac{\partial w}{\partial x}\right)\right]\delta\beta\right.$$

$$\left. + \left[\frac{1}{2}(c^2 A^{\mathrm{t}} + 2cB^{\mathrm{t}})\frac{\partial^3 \beta}{\partial x^3} + \left(\frac{c^2}{2}A^{\mathrm{t}} + 2cB^{\mathrm{t}} + 2D^{\mathrm{t}}\right)\frac{\partial^4 w}{\partial x^4} - S\left(\frac{\partial \beta}{\partial x} + \frac{\partial^2 w}{\partial x^2}\right)\right]\delta w\right\}\mathrm{d}x$$

$$+ \left[\hat{R}\delta\beta + \hat{M}\frac{\partial \delta w}{\partial x} + \hat{Q}\delta w\right]_0^L \qquad (8\text{-}19)$$

式中

$$\hat{R} = \frac{c^2}{2}A^{\mathrm{t}}\frac{\partial \beta}{\partial x} + \left(\frac{c^2}{2}A^{\mathrm{t}} + cB^{\mathrm{t}}\right)\frac{\partial^2 w}{\partial x^2}$$

$$\hat{M} = \left(\frac{c^2}{2}A^{\mathrm{t}} + cB^{\mathrm{t}}\right)\frac{\partial \beta}{\partial x} + \left(\frac{c^2}{2}A^{\mathrm{t}} + 2cB^{\mathrm{t}} + 2D^{\mathrm{t}}\right)\frac{\partial^2 w}{\partial x^2}$$

$$\hat{Q} = -\left(\frac{c^2}{2}A^{\mathrm{t}} + cB^{\mathrm{t}}\right)\frac{\partial^2 \beta}{\partial x^2} - \left(\frac{c^2}{2}A^{\mathrm{t}} + 2cB^{\mathrm{t}} + 2D^{\mathrm{t}}\right)\frac{\partial^3 w}{\partial x^3} + S\left(\beta+\frac{\partial w}{\partial x}\right)$$

由式(8-19)可以看出,对于夹芯结构的自由振动问题,其边界条件为指定 $x=0/$

$x=L$ 处的位移变量 $(\beta,\ \partial w/\partial x,\ w)$ 或力变量 $(\hat{R},\ \hat{M},\ \hat{Q})$。

根据式(8-16)和式(8-17),夹芯结构的动能为

$$T=\frac{b}{2}\int_0^L\Big\{\int_{-\frac{h}{2}}^{-\frac{c}{2}}\rho_f\Big[\Big(\frac{\partial u^t}{\partial t}\Big)^2+\Big(\frac{\partial w}{\partial t}\Big)^2\Big]\mathrm{d}z+\int_{-\frac{c}{2}}^{\frac{c}{2}}\rho_c\Big[\Big(\frac{\partial u^c}{\partial t}\Big)^2+\Big(\frac{\partial w}{\partial t}\Big)^2\Big]\mathrm{d}z$$

$$+\int_{\frac{c}{2}}^{\frac{h}{2}}\rho_f\Big[\Big(\frac{\partial u^b}{\partial t}\Big)^2+\Big(\frac{\partial w}{\partial t}\Big)^2\Big]\mathrm{d}z\Big\}\mathrm{d}x$$

$$=\frac{1}{2}\int_0^L\Big[\Big(\frac{c^2}{2}I_0^t+2cI_1^t+2I_2^t\Big)\Big(\frac{\partial^2 w}{\partial x\partial t}\Big)^2+(c^2I_0^t+2cI_1^t)\frac{\partial^2 w}{\partial x\partial t}\frac{\partial\beta}{\partial t}$$

$$+\Big(\frac{c^2}{2}I_0^t+I_2^c\Big)\Big(\frac{\partial\beta}{\partial t}\Big)^2+(2I_0^t+I_0^c)\Big(\frac{\partial w}{\partial t}\Big)^2\Big]\mathrm{d}x \tag{8-20}$$

将式(8-3)、式(8-18)和式(8-20)代入式(8-2),可以得到夹芯结构的自由振动控制方程

$$\begin{cases} c^2A^t\dfrac{\partial^2\beta}{\partial x^2}+(c^2A^t+2cB^t)\dfrac{\partial^3 w}{\partial x^3}-2S\Big(\beta+\dfrac{\partial w}{\partial x}\Big)\\[2mm] =(c^2I_0^t+2cI_1^t)\dfrac{\partial^3 w}{\partial x\partial t^2}+(c^2I_0^t+2I_2^t)\dfrac{\partial^2\beta}{\partial t^2}\\[2mm] (c^2A^t+2cB^t)\dfrac{\partial^3\beta}{\partial x^3}+(c^2A^t+4cB^t+4D^t)\dfrac{\partial^4 w}{\partial x^4}-2S\Big(\dfrac{\partial\beta}{\partial x}+\dfrac{\partial^2 w}{\partial x^2}\Big)\\[2mm] =(c^2I_0^t+4cI_1^t+4I_2^t)\dfrac{\partial^4 w}{\partial x^2\partial t^2}+(c^2I_0^t+2cI_1^t)\dfrac{\partial^3\beta}{\partial x\partial t^2}-(4I_0^t+2I_0^c)\dfrac{\partial^2 w}{\partial t^2} \end{cases} \tag{8-21}$$

对于自由振动问题,横向位移 w 和转角 β 都是关于固有频率 ω 的简谐函数,即

$$w(x,t)=W(x)\mathrm{e}^{\mathrm{i}\omega t}=\sum_{n=1}^{\infty}W_n(x)\mathrm{e}^{\mathrm{i}\omega_n t}$$

$$\beta(x,t)=B(x)\mathrm{e}^{\mathrm{i}\omega t}=\sum_{n=1}^{\infty}B_n(x)\mathrm{e}^{\mathrm{i}\omega_n t} \tag{8-22}$$

将式(8-22)代入式(8-21),对每阶模态省略去脚标"n",有

$$\begin{cases} c^2A^tB''(x)+(c^2A^t+2cB^t)W'''(x)-2S[B(x)+W'(x)]\\[2mm] =-\omega^2[(c^2I_0^t+2cI_1^t)W'(x)+(c^2I_0^t+2I_2^t)B(x)]\\[2mm] cB^tB'''(x)+(cB^t+2D^t)W''''(x)\\[2mm] =-\omega^2[(cI_1^t+2I_2^t)W''(x)+(cI_1^t-I_2^c)B'(x)-(2I_0^t+I_0^c)W(x)] \end{cases} \tag{8-23}$$

式中,$F'(x)$、$F''(x)$、$F'''(x)$、$F''''(x)$ 分别表示函数 $F(x)$ 的一阶、二阶、三阶和四阶导数。

式(8-23)还可以进一步表示为

$$\begin{bmatrix} A_{11} & A_{12}\\ A_{21} & A_{22} \end{bmatrix}\begin{bmatrix} W(x)\\ B(x) \end{bmatrix}=0 \tag{8-24}$$

式中,A_{11}、A_{12}、A_{21} 和 A_{22} 为微分算子,可分别表示为

$$A_{11}=\left[\omega^2\left(c^2 I_0^{\text{t}}+2c I_1^{\text{t}}\right)-2S\right]\frac{\text{d}}{\text{d}x}+\left[c^2 A^{\text{t}}+2c B^{\text{t}}\right]\frac{\text{d}^3}{\text{d}x^3}=a_1\frac{\text{d}}{\text{d}x}+a_2\frac{\text{d}^3}{\text{d}x^3}$$

$$A_{12}=\left[\omega^2\left(c^2 I_0^{\text{t}}+2 I_2^{\text{c}}\right)-2S\right]+\left[c^2 A^{\text{t}}\right]\frac{\text{d}^2}{\text{d}x^2}=a_3+a_4\frac{\text{d}^2}{\text{d}x^2}$$

$$A_{21}=\left[-\omega^2\left(2 I_0^{\text{t}}+I_0^{\text{c}}\right)\right]+\left[\omega^2\left(c I_1^{\text{t}}+2 I_2^{\text{t}}\right)\right]\frac{\text{d}^2}{\text{d}x^2}+\left[c B^{\text{t}}+2 D^{\text{t}}\right]\frac{\text{d}^4}{\text{d}x^4} \qquad (8\text{-}25)$$

$$=a_5+a_6\frac{\text{d}^2}{\text{d}x^2}+a_7\frac{\text{d}^4}{\text{d}x^4}$$

$$A_{22}=\left[\omega^2\left(c I_1^{\text{t}}-I_2^{\text{c}}\right)\right]\frac{\text{d}}{\text{d}x}+\left[c B^{\text{t}}\right]\frac{\text{d}^3}{\text{d}x^3}=a_8\frac{\text{d}}{\text{d}x}+a_9\frac{\text{d}^3}{\text{d}x^3}$$

若存在函数 $\varphi(x)$,使得

$$(A_{11}A_{22}-A_{12}A_{21})\varphi(x)=0 \qquad (8\text{-}26)$$

那么,振型函数 $W(x)$ 和 $B(x)$ 可以分别表示为

$$W(x)=A_{12}\varphi(x)=a_3\varphi(x)+a_4\varphi''(x)$$
$$B(x)=-A_{11}\varphi(x)=-a_1\varphi'(x)-a_2\varphi'''(x) \qquad (8\text{-}27)$$

式(8-26)是一个六阶常系数齐次线性微分方程,函数 φ 的通解表达式为

$$\varphi(x)=C_1\cos rx+C_2\sin rx+C_3\text{e}^{sx}+C_4\text{e}^{-sx}+C_5\text{e}^{tx}+C_6\text{e}^{-tx} \qquad (8\text{-}28)$$

式中,r 是式(8-29)的唯一正实根;s 和 t 是式(8-30)的两个正实根。

$$(a_2a_9-a_4a_7)x^6-(a_1a_9+a_2a_8-a_3a_7-a_4a_6)x^4$$
$$+(a_1a_8-a_3a_6-a_4a_5)x^2+a_3a_5=0 \qquad (8\text{-}29)$$

$$(a_2a_9-a_4a_7)x^6+(a_1a_9+a_2a_8-a_3a_7-a_4a_6)x^4$$
$$+(a_1a_8-a_3a_6-a_4a_5)x^2-a_3a_5=0 \qquad (8\text{-}30)$$

将式(8-28)代入式(8-27),可以得到夹芯结构的振型函数

$$W(x)=a_3\varphi(x)+a_4\varphi''(x)=(a_3-a_4r^2)(C_1\cos rx+C_2\sin rx)$$
$$+(a_3+a_4s^2)(C_3\text{e}^{sx}+C_4\text{e}^{-sx})+(a_3+a_4t^2)(C_5\text{e}^{tx}+C_6\text{e}^{-tx})$$
$$B(x)=-a_1\varphi'(x)-a_2\varphi^{(3)}(x)=(a_1r-a_2r^3)(C_1\sin rx-C_2\cos rx) \qquad (8\text{-}31)$$
$$-(a_1s+a_2s^3)(C_3\text{e}^{sx}-C_4\text{e}^{-sx})-(a_1t+a_2t^3)(C_5\text{e}^{tx}-C_6\text{e}^{-tx})$$

对于两端简支的夹芯结构,其边界条件为

$$x=0:w=\hat{R}=\hat{M}=0,\quad x=L:w=\hat{R}=\hat{M}=0 \qquad (8\text{-}32)$$

即

$$x=0:W(x)=B'(x)=W''(x)=0,\quad x=L:W(x)=B'(x)=W''(x)=0 \qquad (8\text{-}33)$$

将式(8-31)代入式(8-33),易得 $C_1=C_3=C_4=C_5=C_6=0$,且

$$r=\frac{n\pi}{L} \qquad (8\text{-}34)$$

这样,简支边界条件下夹芯结构的振型函数为

$$W(x) = \left[a_3 - a_4 \left(\frac{n\pi}{L} \right)^2 \right] C_2 \sin \frac{n\pi x}{L}$$

$$B(x) = -\left[a_1 \left(\frac{n\pi}{L} \right) - a_2 \left(\frac{n\pi}{L} \right)^3 \right] C_2 \cos \frac{n\pi x}{L} \tag{8-35}$$

夹芯结构的固有频率 ω 可以通过式(8-34)求解。

若夹芯结构两端固支,其边界条件为

$$x = 0: \quad w = \frac{\partial w}{\partial x} = \beta = 0$$

$$x = L: \quad w = \frac{\partial w}{\partial x} = \beta = 0 \tag{8-36}$$

即

$$x = 0: W(x) = W'(x) = B(x) = 0, \quad x = L: W(x) = W'(x) = B(x) = 0 \tag{8-37}$$

对于结构的固有振型,其幅值大小没有实际的意义。令 $C_2 = 1$,通过式(8-37)的六个方程,可以确定剩余的未知系数 C_1、C_3、C_4、C_5、C_6 及固有频率 ω。由于表达式复杂,这里借助数值求解。

类似地,若夹芯结构一端固支、一端自由,其边界条件为

$$x = 0: \quad w = \frac{\partial w}{\partial x} = \beta = 0$$

$$x = L: \quad \hat{R} = \hat{M} = \hat{Q} = 0 \tag{8-38}$$

即

$$W(0) = W'(0) = B(0) = 0, \quad B'(L) = W''(L) = 0,$$

$$\left(\frac{c^2}{2} A^t + c B^t \right) B''(L) + \left(\frac{c^2}{2} A^t + 2c B^t + 2D^t \right) W^{(3)}(L) - S[B(L) + W'(L)] = 0 \tag{8-39}$$

令 $C_2 = 1$,通过式(8-39)确定未知系数 C_1、C_3、C_4、C_5、C_6 及固有频率 ω。

8.2.3　三种不同位移模型的比较

1. "直线"模型[73]与改进"折线"模型的比较

本节分别采用图 8-1(b)、(d)所示的位移模型计算金字塔点阵夹芯结构的固有频率。金字塔点阵芯子的单胞如图 7-4 所示,夹芯结构由碳纤维复合材料制成,材料性能见表 8-2。结构的几何参数为:芯子厚度 $c = 15\text{mm}$,杆件半径 $r_c = 1\text{mm}$,杆件倾斜角度 $\omega = 45°$,面板厚度 $t = 1\text{mm}$,上、下面板均采用$[0°/45°/0°/-45°/0°]_s$铺层,夹芯结构在宽度方向上具有 3 个单胞,长度方向上的单胞数目为 30 个。

表 8-2　金字塔点阵夹芯结构的材料性能

材料	弹性模量/GPa	泊松比	剪切模量/GPa	密度/(kg/m³)
304 不锈钢	$E=210$	$\nu=0.3$	—	7930
铝合金	$E=70$	$\nu=0.3$	—	2700
碳纤维复合材料	$E_{11}=132$ $E_{22}=E_{33}=10.3$	$\nu_{23}=0.38$ $\nu_{12}=\nu_{13}=0.25$	$G_{23}=3.91$ $G_{12}=G_{13}=6.5$	1570

从表 8-3 可以看出,采用这两种位移模型求解的固有频率结果相当。总体来说,采用"直线"形式的轴向位移假设计算的固有频率要小一些,这是由于在图 8-1(b)所示的变形模式中,面板与芯子产生了相同的转角,即面板与芯子同时发生了剪切变形。然而在应变能的计算过程中,忽略了面板的剪切应变能,因此计算的系统应变能偏低,导致结构固有频率的计算结果比真实值要小。随着模态阶数的提高和边界处约束条件的增强,横向剪切作用增强,"直线"模型的计算误差也随之增大。

由表 8-4 可见,随着面板厚度的增加(当面板厚度 $t=1\text{mm}$ 时,其铺层为$[0°/45°/0°/-45°/0°]_s$;当面板厚度 $t=2\text{mm}$ 时,其铺层为$[0°/45°/0°/-45°/0°]_{s2}$;以此类推),忽略面板剪切应变能所导致的计算误差将持续增大。当面板厚度 $t=4\text{mm}$ 时,第五阶固有频率的计算误差高达 18%。

表 8-3　金字塔点阵夹芯结构的固有频率

	模态阶数	"直线"/Hz	改进"折线"/Hz	相对误差/%
悬臂	1	71.222	70.983	0.34
	2	429.96	430.35	−0.09
	3	1140.0	1147.2	−0.63
	4	2082.8	2109.0	−1.24
	5	3186.0	3246.0	−1.85
两端简支	1	198.49	198.74	−0.13
	2	763.54	767.29	−0.49
	3	1619.8	1636.6	−1.03
	4	2679.8	2723.1	−1.59
	5	3868.0	3954.3	−2.18
两端固支	1	427.63	430.83	−0.74
	2	1100.6	1116.6	−1.43
	3	1998.1	2040.7	−2.09
	4	3044.8	3129.3	−2.70
	5	4190.8	4330.6	−3.23

表 8-4　不同面板厚度下简支金字塔点阵夹芯结构的固有频率

	模态阶数	"直线"/Hz	改进"折线"/Hz	相对误差/%
	1	198.49	198.74	−0.13
	2	763.54	767.29	−0.49
$t=1\text{mm}$	3	1619.8	1636.6	−1.03
	4	2679.8	2723.1	−1.59
	5	3868.0	3954.3	−2.18
	1	220.76	222.15	−0.63
	2	814.18	832.27	−2.17
$t=2\text{mm}$	3	1639.1	1707.4	−4.00
	4	2577.1	2732.5	−5.69
	5	3559.6	3831.2	−7.09
	1	234.81	238.33	−1.48
	2	828.45	869.38	−4.71
$t=3\text{mm}$	3	1593.1	1730.8	−7.96
	4	2413.6	2698.6	−10.6
	5	3243.8	3708.3	−12.5
	1	245.68	252.40	−2.66
	2	828.68	899.20	−7.84
$t=4\text{mm}$	3	1532.3	1748.5	−12.4
	4	2259.1	2678.1	−15.6
	5	2981.8	3637.1	−18.0

2. "折线"模型[55]与改进"折线"模型的比较

由式(8-35)可以看出,对于简支边界条件下的夹芯结构,$B(x)$ 可以写作 $-\lambda W'(x)$,其中系数 λ 为

$$\lambda = \frac{a_1 - a_2 \ (n\pi/L)^2}{a_3 - a_4 \ (n\pi/L)^2} = \frac{(c^2 A^\text{t} + 2cB^\text{t})(n\pi/L)^2 - \omega_n^2(c^2 I_0^\text{t} + 2c I_1^\text{t}) + 2S}{c^2 A^\text{t} \ (n\pi/L)^2 - \omega_n^2(c^2 I_0^\text{t} + 2I_2^\text{c}) + 2S} \tag{8-40}$$

比较式(8-40)与式(8-14)不难发现,这两个式子相同。因此,对于简支夹芯

结构,"折线"模型与改进"折线"模型一致。然而,对于固支或悬臂夹芯结构,由于系数 C_1、C_2、C_3、C_4、C_5 及 C_6 均不为零,此时 $W(x)$ 和 $B(x)$ 可分别表示为

$$
\begin{aligned}
W(x) =\, & (a_3 - a_4 r^2)(C_1 \cos rx + \sin rx) + (a_3 + a_4 s^2)(C_3 e^{sx} + C_4 e^{-sx}) \\
& + (a_3 + a_4 t^2)(C_5 e^{tx} + C_6 e^{-tx}) \\
B(x) =\, & (a_1 r - a_2 r^3)(C_1 \sin rx - \cos rx) - (a_1 s + a_2 s^3)(C_3 e^{sx} - C_4 e^{-sx}) \\
& - (a_1 t + a_2 t^3)(C_5 e^{tx} - C_6 e^{-tx})
\end{aligned}
\tag{8-41}
$$

对 $W(x)$ 求导数可得

$$
\begin{aligned}
W'(x) =\, & (-a_3 r + a_4 r^3)(C_1 \sin rx - \cos rx) + (a_3 s + a_4 s^3)(C_3 e^{sx} - C_4 e^{-sx}) \\
& + (a_3 t + a_4 t^3)(C_5 e^{tx} - C_6 e^{-tx})
\end{aligned}
\tag{8-42}
$$

由式(8-41)和式(8-42)可以看出,只有当式(8-43)成立时,$B(x)$ 才可以写作 $-\lambda W'(x)$ 的形式,但 r、s 和 t 是互不相等的实数,故无法找到满足 $B(x) = -\lambda W'(x)$ 的常系数 λ。

$$
\frac{-a_1 r + a_2 r^3}{-a_3 r + a_4 r^3} = \frac{a_1 s + a_2 s^3}{a_3 s + a_4 s^3} = \frac{a_1 t + a_2 t^3}{a_3 t + a_4 t^3}
\tag{8-43}
$$

通过以上的分析发现,"折线"位移模型可以用于求解简支边界条件下夹芯结构的自由振动问题,且相比于改进的"折线"模型,计算量更小。然而,图 8-1(c)所示的"折线"模型具有很大的局限性,对于固支、悬臂等典型边界条件下夹芯结构的自由振动问题,由于"系数 λ 沿结构跨度方向是常数"的假设不再成立,所以该模型不再适用。

8.3　复合材料点阵结构振动特性的数值分析

本节采用有限元软件 ABAQUS 计算金字塔点阵夹芯结构的固有频率和固有振型。点阵夹芯结构由碳纤维复合材料制成,材料性能见表 8-2,结构的几何参数及复合材料层合面板的铺设方式与 7.4.3 节提供的相同。

对金字塔点阵夹芯结构进行实体建模,如图 8-2 所示,面板与芯子均采用八节点线性六面体缩减积分单元(C3D8R)进行网格划分。将杆件的端面与上、下面板用"tie"的方式连接起来,从而使杆件的端面与面板固结在一起,在结构的两端分别施加简支边界条件。创建线性摄动分析步,选用 Lanczos 求解器进行频率提取分析。

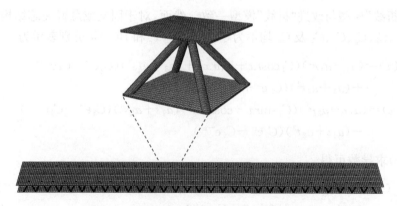

图 8-2　金字塔点阵夹芯结构的有限元模型

　　将有限元方法计算的固有频率与"改进"折线模型的理论预报结果进行比较，见表 8-5。表中 f_1、f_2 和 f_3 分别表示第一阶、第二阶和第三阶固有频率。由表 8.5 可见，理论预报与数值计算结果吻合较好，相对误差在 5% 以内。图 8-3 给出了复合材料金字塔点阵夹芯结构固有振型的数值模拟结果。

表 8-5　金字塔点阵夹芯结构的固有频率

	f_1/Hz	f_2/Hz	f_3/Hz
理论预报	198.74	767.29	1636.6
数值模拟	206.71	794.00	1681.4
相对误差/%	4.01	3.48	2.74

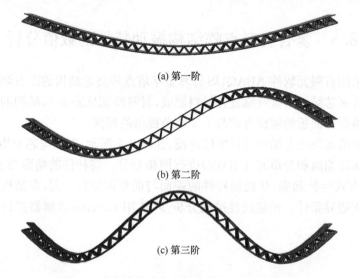

(a) 第一阶

(b) 第二阶

(c) 第三阶

图 8-3　金字塔点阵夹芯结构的前三阶固有振型

8.4　材料性能和几何参数对点阵夹芯结构固有频率的影响

点阵夹芯结构具有良好的可设计性,本节以两端简支的金字塔点阵夹芯结构为例,分析多种材料和几何参数对结构固有频率的影响。为了体现点阵夹芯结构与实体结构在振动特性方面的不同,反映结构的质量效率,这里定义了如下频率参数

$$\eta = \frac{f}{f_s} \tag{8-44}$$

式中,f 表示夹芯结构的固有频率;f_s 表示相同长度、宽度、质量和边界条件下的304 不锈钢实体结构的固有频率。该实体结构的厚度为

$$h_s = \frac{2\rho_f t + \rho_c c}{\rho_s} \tag{8-45}$$

式中,ρ_s 表示实体材料,即 304 不锈钢的密度。对于简支边界条件下的实心梁,其角频率为[76,77]

$$\omega_s = \sqrt{\frac{E_s h_s^2}{12\rho_s}} \left(\frac{n\pi}{L} \right)^2 \tag{8-46}$$

式中,E_s 为实体材料的弹性模量。该实心梁的固有频率 $f_s = \omega_s / 2\pi$。

图 8-4(a)、(b)分别比较了 304 不锈钢、铝合金和碳纤维复合材料制成的金字塔点阵夹芯结构的一阶固有频率和一阶频率参数,相应的材料性能见表 8-2。复合材料金字塔点阵夹芯结构的上、下面板均采用[0°/45°/0°/−45°/0°]$_s$ 铺层。由图 8-4(a)可以看出,固有频率随着夹芯结构长度的增加而降低;由于长度对点阵夹芯结构和实体结构固有频率的影响程度相当,所以频率参数 η 几乎不随长度的变化而发生变化,如图 8-4(b)所示。304 不锈钢制成的金字塔点阵夹芯结构的一阶固有频率比相同质量的实体结构高约八倍。若点阵夹芯结构的长度 $L = 0.6364\mathrm{m}$（长度方向的单胞数目为 30 个),其固有频率为 137.73Hz,而相应的实心梁的固有频率仅为 14.94Hz。为了避免共振现象的发生,工程上经常通过增加实体结构的厚度来提高其固有频率,然而这将导致结构质量的增加。点阵夹芯结构通过低密度的芯子对上、下面板的分隔增加了结构的弯曲刚度,从而达到了在结构质量增加较少的前提下显著提高其固有频率的目的。304 不锈钢和铝合金制成的金字塔点阵夹芯结构的一阶固有频率相当,然而,由于铝合金的密度更低,由其制成的点阵夹芯结构的质量效率更高。碳纤维复合材料具有密度低、模量大的特性,由其制成的点阵夹芯结构的质量效率最高。

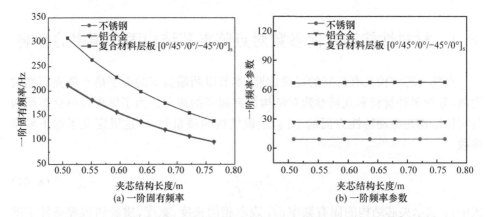

图 8-4　不同材料制成的金字塔点阵夹芯结构的固有频率和频率参数

图 8-5～图 8-7 分别显示了复合材料金字塔点阵夹芯结构的第一阶固有频率和频率参数随芯子厚度、杆件半径和杆件倾斜角度的变化规律。根据图 7-4 所示的几何关系，可以得到金字塔点阵芯子等效密度的表达式为

$$\rho_{c}=\frac{2\pi r_{c}^{2}\sin\omega}{c^{2}\cos^{2}\omega}\rho \tag{8-47}$$

这样，单位面积芯体材料的质量为

$$\overline{m}=c\rho_{c}=\frac{2\pi r_{c}^{2}\sin\omega}{c\cos^{2}\omega}\rho \tag{8-48}$$

由式(8-47)可以看出，随着芯子厚度的增加，芯体材料的等效密度降低，从而导致夹芯结构的固有频率提高，如图 8-5(a)所示。由式(8-48)可见，在芯子厚度增加的过程中，结构的质量随之下降，因此结构的频率参数将会以更快的速度增大。若芯子厚度 c 从 5mm 增大到 25mm，夹芯结构的固有频率 f 由 62.75Hz 增大到 324.9Hz，而频率参数 η 则由 14.56 增大到 120.9，结构的质量效率提高了八倍之多。

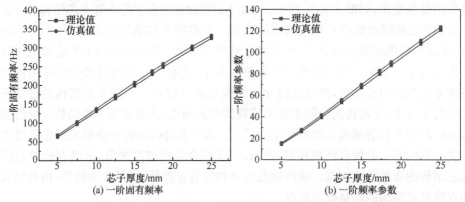

图 8-5　不同芯子厚度的金字塔点阵夹芯结构的固有频率和频率参数

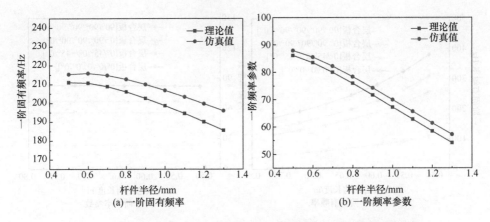

图 8-6　不同杆件半径的金字塔点阵夹芯结构的固有频率和频率参数

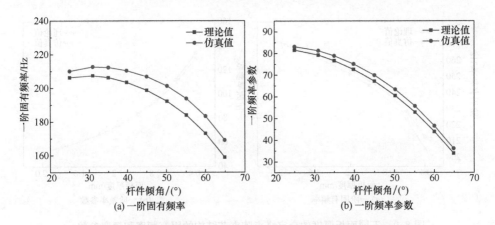

图 8-7　不同杆件倾角的金字塔点阵夹芯结构的固有频率和频率参数

由式(8-47)可见,增加杆件的半径和倾斜角度都将增大芯体材料的等效密度,从而导致夹芯结构的固有频率降低。由于结构的质量增加,结构的频率参数比固有频率下降得更快,如图 8-6 和图 8-7 所示。

复合材料点阵夹芯结构的固有频率和频率参数随面板铺层角度的变化规律如图 8-8 所示。由图可以看出,随着面板铺层角度的减小,结构的弯曲刚度增大,固有频率和频率参数均有提高。

图 8-9 显示了面板厚度对夹芯结构固有频率和频率参数的影响,这里上、下面板均采用 0°单向铺层。由图 8-9 可见,增加面板厚度,将有效提高夹芯结构的弯曲刚度,从而提高结构的固有频率。然而,随着面板厚度的增加,夹芯结构的质量增大,其质量效率下降。若面板厚度持续增加,夹芯结构将趋向于实体结构。

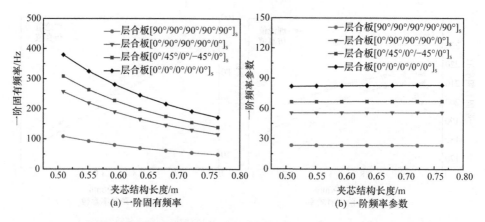

图 8-8　不同面板铺层角度的复合材料金字塔点阵夹芯结构的固有频率和频率参数

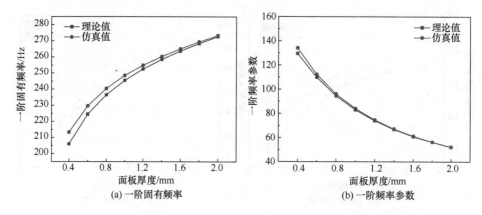

图 8-9　不同面板厚度的金字塔点阵夹芯结构的固有频率和频率参数

8.5　局部损伤对复合材料点阵结构振动特性的影响

复合材料点阵夹芯结构具有潜在的多功能应用前景。通过撤去点阵芯子的若干根杆件以在其中埋入电子元器件、燃料电池、阻尼材料、吸波材料等,将实现点阵夹芯结构的结构功能一体化。杆件的缺失将对夹芯结构的固有频率和固有振型产生影响,且缺失的程度和位置不同,其影响程度也不尽相同。

8.5.1　试件制备

为了研究不同缺失杆件情况对复合材料金字塔点阵夹芯结构振动特性的影响,本章共制备了八组复合材料金字塔点阵夹芯结构试件,分别用 I 及 D1～D7 表示,其中 I 表示完好的夹芯结构试件,含有 7×2 个金字塔点阵单胞;D1～D7 表示芯子含有局部损伤的夹芯结构试件,分别缺失了 1～7 个点阵单胞,如图 8-10 所示。每组三个试件以保证测量结果的可靠性,试验结果取三个试件测量结果的平均值。

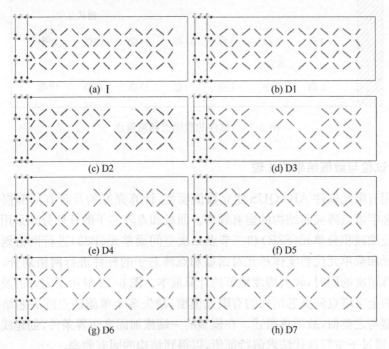

图 8-10　不同损伤程度的试件

8.5.2　试验方法

　　模态试验是振动试验的一种,通过模态试验可以确定结构的固有频率(模态频率)、模态振型、模态阻尼和模态质量。模态试验需要一个激振设备使试验件产生某种振动,常用的激振设备有激振器、振动台、力锤和冲击台等。由于本章的试验试件质量较小,所以采用力锤激励的方式对复合材料金字塔点阵夹芯结构进行模态试验研究。

　　采用奥地利德维创公司的 DEWE-801 模态测试系统测量结构的前五阶固有频率。试验装置由冲击锤、加速度传感器和频谱分析仪三个部分组成。将试件左端固支,构成悬臂梁,采用 Model 086C02 冲击力锤激励试件,通过 Model 333B32 振动加速度传感器测量试件的振动响应。试验通过多点激励、单点测量的方式进行,在试件表面等间距地分布 7×3 个激励点,如图 8-11 所示。对试件输入力信号,通过测量输出的加速度响应信号,求得结构的传递函数,传递函数的各个峰值所对应的频率即为结构的各阶固有频率。

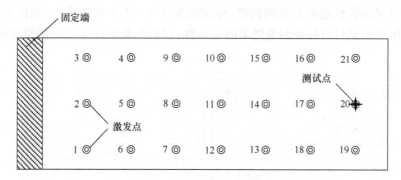

图 8-11　试件的激励点和测量点

8.5.3　试验与数值结果的比较

采用有限元软件 ABAQUS 建立数值模型,计算完好的及含有局部损伤的复合材料金字塔点阵夹芯结构的固有频率。面板和点阵芯子的杆件分别采用八节点曲面厚壳缩减积分单元(S8R)和三节点二次空间梁单元(B32)进行网格划分。选取壳单元和梁单元代替实体单元对面板和点阵芯子的杆件进行网格划分,可以在保证计算精度的同时,较大程度地节约计算成本。图 8-12 显示了完好的及缺失一个单胞的金字塔点阵夹芯结构的有限元模型,缺失多个单胞的点阵夹芯结构的有限元模型与之类似,故不再赘述。在模型的一端施加固支边界条件,创建线性摄动分析步,通过子空间迭代法求解特征值,以得到结构的固有频率。

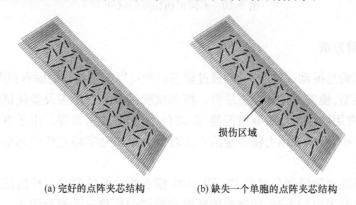

(a) 完好的点阵夹芯结构　　　(b) 缺失一个单胞的点阵夹芯结构

图 8-12　金字塔点阵夹芯结构的有限元模型

图 8-13 将有限元模型的计算结果与试验测量结果进行了比较。从图中可以看出,数值计算与试验测量结果相对吻合较好,平均误差为 12.26%。数值模型计算的固有频率略高于试验值,这是由于在复合材料金字塔点阵夹芯结构的制备过程中,将杆件的末端埋入上、下面板,弱化了面板及杆件与面板连接节点处的力学

性能；在预制件固化过程中对杆件施加的径向压力不足，导致杆件的模量降低。然而，数值模型较为理想化，没有考虑这些制备缺陷的影响。从该图还可以看出，芯子的局部损伤将会降低结构的固有频率，且高阶固有频率下降得更多。这说明芯子局部损伤对夹芯结构固有频率的影响是与模态阶数相关的，结构的高阶固有频率对局部损伤更加敏感。

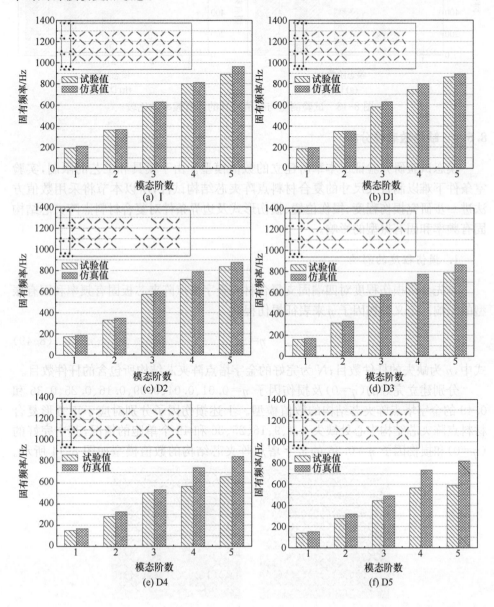

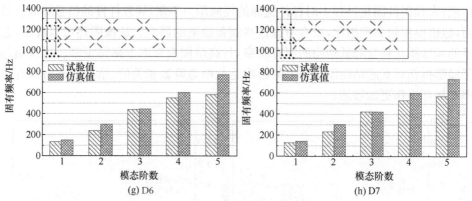

(g) D6　　　　　　　　　　　　　　　(h) D7

图 8-13　试验测量与数值计算的固有频率的比较

8.5.4　缺陷敏感性分析

模态试验研究验证了本章所建立的数值模型。由于模具和工艺的限制，实验室条件下难以制备大尺寸的复合材料点阵夹芯结构试件，所以本节将采用数值方法进一步研究损伤程度、损伤位置、损伤形式及边界条件对复合材料点阵夹芯结构固有频率和固有振型的影响。

1. 损伤程度的影响

首先分析损伤程度对四端固支复合材料金字塔点阵夹芯板固有频率和固有振型的影响。定义损伤因子 η 来表征损伤程度

$$\eta = \frac{n}{N} \tag{8-49}$$

式中，n 为缺失的杆件数目；N 为完好的金字塔点阵夹芯结构所包含的杆件数目。

分别建立完好的（$\eta=0$）及损伤因子 $\eta=0.01$、0.04、0.09、0.16、0.25、0.36 和 0.49 的金字塔点阵夹芯结构的数值模型。上述损伤因子分别对应于正方形复合材料点阵夹芯结构中心处缺失 1、4、9、16、25、36 和 49 个单胞的情况，其中完好的（$\eta=0$）和损伤因子 $\eta=0.36$ 的金字塔点阵夹芯结构的数值模型如图 8-14 所示。

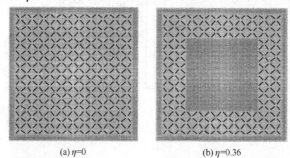

(a) $\eta=0$　　　　　　　　　　　　(b) $\eta=0.36$

图 8-14　完好的和含中央损伤（$\eta=0.36$）的金字塔点阵夹芯结构的有限元模型

模型的几何尺寸为 382mm×382mm×17mm,完好的夹芯结构含有 10×10 个金字塔点阵单胞,在模型的四周施加固支边界条件。

图 8-15 和图 8-16 分别给出了完好的及损伤因子 $\eta=0.04$ 的复合材料金字塔点阵夹芯结构的前六阶固有振型。从位移云图中可以看出,与损伤前结构的固有振型相比,损伤后夹芯板的固有振型出现了明显的局部变形现象,这种局部变形在第五阶和第六阶固有振型中表现得尤为明显,如图 8-16(e)、(f)所示。

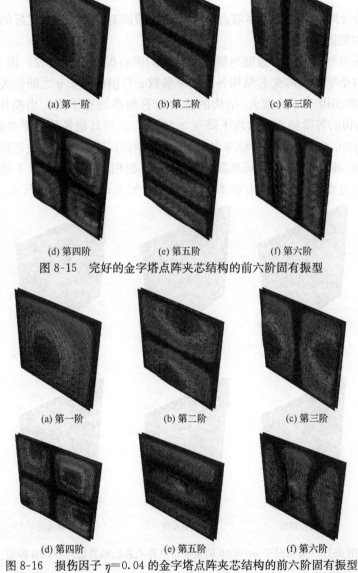

(a) 第一阶　　　　　　(b) 第二阶　　　　　　(c) 第三阶

(d) 第四阶　　　　　　(e) 第五阶　　　　　　(f) 第六阶

图 8-15　完好的金字塔点阵夹芯结构的前六阶固有振型

(a) 第一阶　　　　　　(b) 第二阶　　　　　　(c) 第三阶

(d) 第四阶　　　　　　(e) 第五阶　　　　　　(f) 第六阶

图 8-16　损伤因子 $\eta=0.04$ 的金字塔点阵夹芯结构的前六阶固有振型

随着中心区域损伤面积的增大,由于损伤区域的刚度降低,结构出现了以局部变形为主的固有振型,如图 8-17(d) 和图 8-18(e) 所示。伴随着这类振型的出现,相应阶次的固有频率也开始出现剧烈下降,即结构的第四阶固有频率在损伤因子 η 超过 0.04 以后开始剧烈下降,而第五阶固有频率在损伤因子 η 超过 0.16 以后开始急剧下降,如图 8-19(d) 和 (e) 中圆圈标记的位置所示。

为了表征局部损伤对夹芯结构固有频率的影响,定义如下频率参数

$$\kappa = \frac{f_D}{f_I} \tag{8-50}$$

式中,f_D 为含局部损伤的金字塔点阵夹芯结构的固有频率;f_I 为完好的金字塔点阵夹芯结构的固有频率。

将损伤后结构的固有振型与损伤前结构的固有振型进行比较。图 8-19 显示了复合材料金字塔点阵夹芯结构各阶频率参数 κ 与损伤因子 η 之间的关系。由图可见,随着损伤因子 η 的增大,结构的各阶固有频率均有下降。当损伤因子 $\eta = 0.49$ 时,结构的各阶频率参数均下降至 0.55 左右。与其他各阶频率参数不同,当损伤因子 $\eta \leqslant 0.09$ 时,第一阶频率参数 κ_1 几乎等于 1,这说明点阵夹芯结构的第一阶固有频率(基频)对芯子的局部损伤,尤其是小面积的局部损伤并不敏感。结构固有振型的突变将会导致固有频率的急剧下降,如图 8-19(d)、(e) 所示。

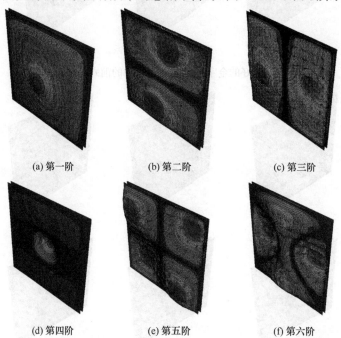

(a) 第一阶   (b) 第二阶   (c) 第三阶

(d) 第四阶   (e) 第五阶   (f) 第六阶

图 8-17　损伤因子 $\eta = 0.09$ 的金字塔点阵夹芯结构的前六阶固有振型

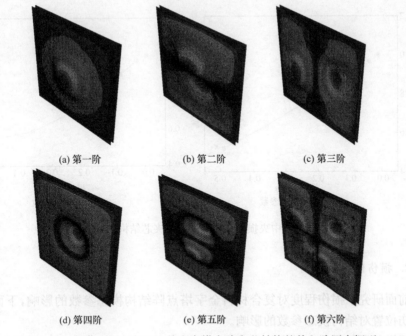

(a) 第一阶　　　　　　　(b) 第二阶　　　　　　　(c) 第三阶

(d) 第四阶　　　　　　　(e) 第五阶　　　　　　　(f) 第六阶

图 8-18　损伤因子 $\eta=0.25$ 的金字塔点阵夹芯结构的前六阶固有振型

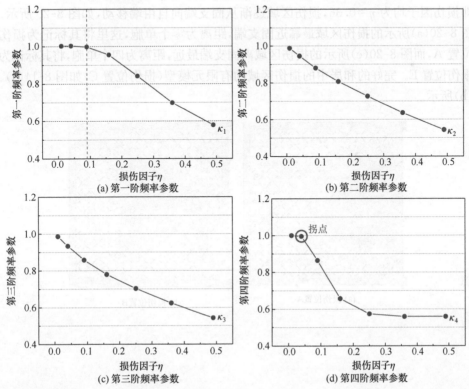

(a) 第一阶频率参数　　　　　　　　　　　　(b) 第二阶频率参数

(c) 第三阶频率参数　　　　　　　　　　　　(d) 第四阶频率参数

0

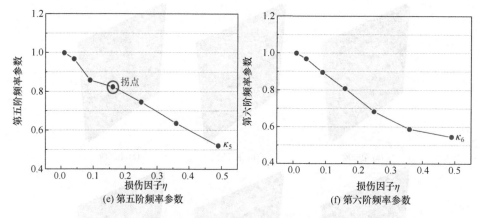

(e) 第五阶频率参数　　　　(f) 第六阶频率参数

图 8-19　含中央损伤的金字塔点阵夹芯结构的频率参数

2. 损伤位置的影响

前面研究了损伤程度对复合材料金字塔点阵结构模态参数的影响,下面将研究损伤位置对结构模态参数的影响。

假设复合材料金字塔点阵夹芯板一端固支、三端自由,含有相同的损伤面积,即损伤因子均为 $\eta=0.36$,损伤区域逐渐从固支端向自由端移动,如图 8-20 所示。图 8-20(a)所示的损伤区域最靠近固支端,距离为零个单胞,这里将其标记为损伤位置 A,而图 8-20(e)所示的损伤区域离固支端最远,距离为四个单胞,将其标记为损伤位置 E。完好的和居中的损伤区域的有限元模型(损伤位置 C)如图 8-14(a)、(b)所示。

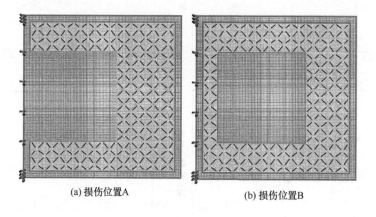

(a) 损伤位置A　　　　(b) 损伤位置B

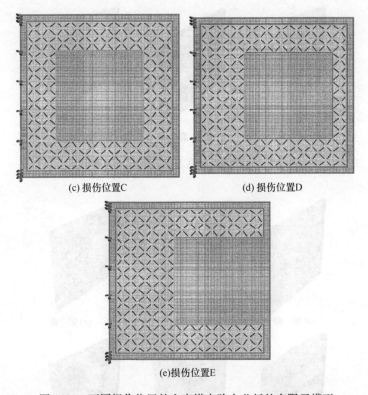

(c) 损伤位置C
(d) 损伤位置D

(e) 损伤位置E

图 8-20 不同损伤位置的金字塔点阵夹芯板的有限元模型

图 8-21 和图 8-22 分别给出了完好的金字塔点阵夹芯板和损伤区域距离固支端零个单胞(损伤位置 A)的悬臂夹芯板的前六阶固有振型。从图中可以看出,尽管局部损伤对悬臂夹芯板的前两阶固有振型影响不大,但是由于损伤区域内结构的刚度下降,从第三阶固有振型开始,结构出现了明显的局部变形,如图 8-22 所示。这种局部变形的出现将导致结构的固有频率大幅下降。

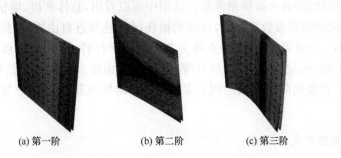

(a) 第一阶
(b) 第二阶
(c) 第三阶

(d) 第四阶　　　　　　(e) 第五阶　　　　　　(f) 第六阶

图 8-21　完好的悬臂夹芯板的前六阶固有振型

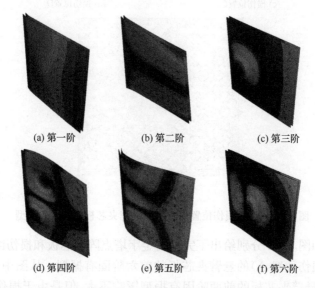

(a) 第一阶　　　　　　(b) 第二阶　　　　　　(c) 第三阶

(d) 第四阶　　　　　　(e) 第五阶　　　　　　(f) 第六阶

图 8-22　损伤区域靠近固支端的悬臂夹芯板的前六阶固有振型

　　图 8-23 比较了图 8-14 和图 8-20 所示的 A～E 五种情况下复合材料金字塔点阵夹芯结构的前六阶频率参数。从图中可以看出，总体来讲，损伤区域越远离固支端，结构的频率参数就越大，这说明损伤区域越靠近自由端，对结构固有频率的影响越小。这说明，若需撤去点阵夹芯板的若干杆件，以在悬臂点阵夹芯板中埋入燃料电池、阻尼材料、吸波材料等，应首先考虑将损伤区域安置在自由端附近，这会较小程度地降低结构的固有频率，避免结构在服役过程中与周围的环境发生共振。

3. 损伤形式的影响

　　本节着重研究图 8-24 所示的五种损伤形式对结构固有频率的影响。设复合材料金字塔点阵夹芯板的损伤因子 $\eta=0.36$，四端固支。图 8-14(b)所示的情况表

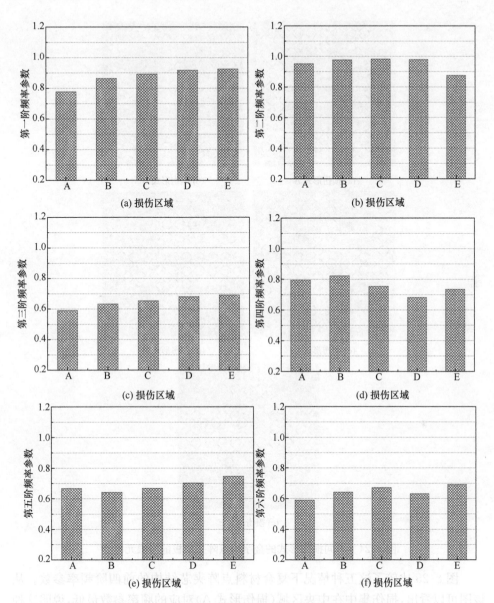

图 8-23　不同损伤位置的金字塔点阵夹芯板的频率参数

示损伤集中在夹芯板中央区域,称为损伤形式 A,而图 8-24 所示的四种情况表示损伤区域被分为等面积的四份,并且逐渐向边界处移动。

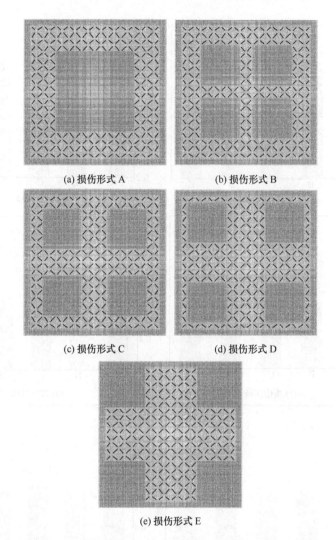

(a) 损伤形式 A　　　　　　　　(b) 损伤形式 B

(c) 损伤形式 C　　　　　　　　(d) 损伤形式 D

(e) 损伤形式 E

图 8-24　不同损伤形式的金字塔点阵夹芯板的有限元模型

　　图 8-25 比较了这五种情况下复合材料点阵夹芯结构的前四阶频率参数。从该图可以看出,损伤集中在中央区域(损伤形式 A)对应的频率参数最低,说明这种形式的损伤对结构固有频率的影响最大。在损伤因子相同的情况下,集中形式的损伤将导致结构出现大面积的刚度衰减,由此将引发结构固有振型的突变(与损伤前结构的固有振型相比)和固有频率的大幅下降,而分散形式的损伤对结构模态参数的影响相对较小。因此,在点阵夹芯板中预埋元器件时,应设法将其分埋在不同的区域,从而避免芯体材料出现大面积的集中损伤。

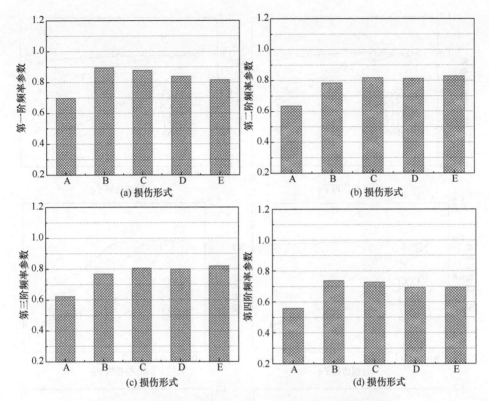

图 8-25　不同损伤形式的金字塔点阵夹芯板的频率参数

4. 边界条件的影响

　　本节研究复合材料金字塔点阵夹芯结构在几种典型边界条件下的缺陷敏感性问题。分别对金字塔点阵夹芯板施加四端固支（CCCC）、两端固支两端简支（CSCS）、两端固支两端自由（CFCF）、一端固支三端自由（CFFF）和四端简支（SSSS）五种边界条件,观察结构的前六阶频率参数 κ 随损伤因子 η 的变化规律,如图 8-26 所示。

　　从图 8-26 可以看出,几何缺陷对结构固有频率的影响与结构的边界条件有很大关系。边界处的约束条件越强,固有频率对局部损伤就越敏感,这种趋势在第一阶及第二阶固有频率中体现得尤为明显。当损伤因子 η 从 0 增大到 0.49 时,四端固支夹芯板的基频与完好的复合材料金字塔点阵夹芯板相比下降了 42.10%,而四端简支夹芯板的基频仅下降了 3.41%。

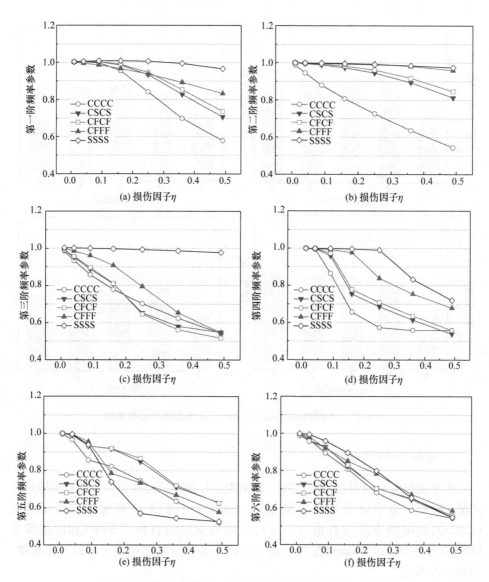

图 8-26　不同边界条件下金字塔点阵夹芯结构的频率参数

8.6　本章小结

本章采用哈密顿原理,计算了复合材料点阵夹芯结构在多种典型边界条件下的固有频率和固有振型。采用模态试验和数值模拟方法,研究了芯体材料的局部损伤对复合材料点阵夹芯结构固有频率和固有振型的影响,得到的主要结论如下。

（1）对复合材料点阵夹芯结构的自由振动问题进行了理论和数值研究。比较了三种位移模型（传统的"直线"模型、Allen 的"折线"模型及改进"折线"模型），指出"直线"模型的计算误差随边界处约束条件的增强和面板厚度的增加而增大；"折线"模型仅适用于简支边界条件下夹芯结构的自由振动问题研究；改进"折线"模型扩展了 Allen 模型的应用范围，适用于多种边界条件下夹芯结构的振动特性研究。研究了芯子厚度、杆件半径、杆件倾斜角度、面板铺层角度和面板厚度对金字塔点阵夹芯结构自由振动特性的影响，发现增加芯子厚度和减小面板铺层角度是增加结构固有频率、提高结构质量效率最为有效的途径。

（2）采用试验模态分析和数值模拟方法，研究了芯体材料的局部损伤对复合材料点阵夹芯结构固有振动特性的影响。结果表明，芯体材料的局部损伤将降低结构的固有频率，且下降程度随损伤因子的增大而增大；局部损伤区域结构的刚度下降，导致结构的固有振型出现明显的局部变形；对于单边固支的夹芯板，损伤越靠近固支端，对固有频率的影响越大；在损伤程度相同的情况下，集中损伤比分散损伤对固有频率的影响更大；边界处约束条件越强，局部损伤对固有频率的影响越大。

第9章　复合材料点阵结构的低速及高速冲击响应

9.1　引　　言

本章将首先研究复合材料金字塔点阵结构的低速冲击行为以及热暴露对金字塔点阵结构低速冲击行为的影响。碳纤维复合材料金字塔点阵结构经高温热暴露后，其结构完整性和抗冲击性能将会出现不同程度的退化。若不能对结构热暴露后的抗冲击性能进行正确评价，结构材料在服役过程中的可靠性将难以得到保证。然后，将采用试验方法研究复合材料金字塔点阵结构冲击后的剩余压缩强度问题。最后，对碳纤维层合板和金字塔点阵结构在高速撞击下的破坏模式进行研究。

9.2　试　验　方　法

为了研究热暴露温度高低对复合材料金字塔点阵结构低速冲击行为的影响，首先在常温（20℃）条件下进行低速冲击试验。然后，将金字塔点阵结构分别在100℃、200℃、250℃和280℃高温环境下暴露6h，待其从暴露温度冷却至室温后，再对经不同热暴露处理的金字塔点阵结构进行低速冲击试验，以评估高温热暴露对金字塔点阵结构低速冲击行为的影响，并揭示该结构热暴露后的冲击失效机制。

采用INSTRON 9250HV落锤冲击试验机对热暴露后的金字塔点阵结构进行低速冲击试验。INSTRON 9250HV落锤试验机在大多数工况下通过落锤的自由落体运动实现对冲击试件的加载，冲击能量为落锤重力势能

$$E = mgH \tag{9-1}$$

式中，m为落锤质量；g为重力加速度；H为落锤高度。在金字塔点阵结构的低速冲击试验中所需冲击能量较低，因此可以通过改变落锤的质量或高度获得测试所需要的冲击能量。试验过程中金字塔点阵结构试件的四边被固定，落锤冲头直径为12.1mm，落锤冲头的冲击位置如图9-1所示，正好落在试件中央处四根杆件的上方。经高温热暴露处理后，金字塔点阵结构分别在三种不同的冲击能量下进行低速冲击试验。为了使金字塔点阵结构受冲击载荷作用后出现不同的失效模式，试验中选用的三个冲击能量分别为10J、20J和30J。为了研究金字塔点阵结构受冲击载荷作用后的剩余承载能力，在室温下对冲击后的金字塔点阵结构进行侧压试验。

图 9-1　落锤冲击位置示意图

9.3　复合材料金字塔点阵结构的低速冲击试验

9.3.1　复合材料金字塔点阵结构的冲击失效机制

经热暴露处理后,碳纤维复合材料金字塔点阵结构在低速冲击载荷作用下的失效机制与热暴露温度高低、暴露时间及冲击能量大小密切相关。一般而言,常见的失效形式有基体断裂、层间分层、纤维断裂、纤维拔出等。金字塔点阵结构的失效模式和破坏机制严重影响结构的能量吸收能力,例如,层间分层能较大限度地吸收冲击能量[78]。当金字塔点阵结构经热暴露处理,且受到能量为 10J 的冲击载荷作用时,所有试件的上面板均未被穿透,落锤在上面板处产生回弹。图 9-2 给出了复合材料金字塔点阵结构经不同温度热暴露处理后上面板的冲击破坏形貌。从图 9-2 中可以发现,当热暴露温度不高于 200℃时,金字塔点阵结构经 6h 热暴露处理后,在冲击载荷作用下上面板发生了局部凹陷,并且在凹陷区域附近出现了纤维断裂,如图 9-2(a)～(c)所示;当热暴露温度为 250℃和 280℃时,金字塔点阵结构经热暴露处理后,在冲击载荷作用下凹陷区域附近出现了严重的层间分层现象,如图 9-2(d)、(e)所示。出现分层破坏的主要原因:随着热暴露温度的升高,纤维基体界面性能出现了严重退化,使得上面板在冲击载荷作用下发生了分层破坏。冲击试验过程中点阵芯子也受到不同程度的破坏,如图 9-3 所示。当热暴露温度在 20～200℃时,在冲击载荷作用下点阵芯子未出现明显的破坏,如图 9-3(a)所示;当热暴露温度为 250℃时,在冲击载荷作用下点阵芯子发生了节点失效,如图 9-3(b)所示;当热暴露温度为 280℃时,在冲击载荷作用下芯子杆件发生了劈裂和屈曲失效,如图 9-3(c)所示。

经不同热暴露处理后,金字塔点阵结构受到能量为 20J 的冲击载荷作用时,所有试件的上面板均被穿透,冲头穿透金字塔点阵芯子,并与下面板发生接触和回弹,所有试件的下面板均未发生明显的破坏。图 9-4 给出了复合材料金字塔点阵结构经不同温度热暴露处理后,在冲击载荷作用下上面板的破坏形貌。当热暴露温度在 20～250℃时,经热暴露处理后,在冲击载荷作用下试件上面板被冲头穿

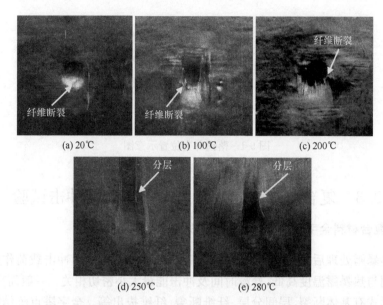

(a) 20℃　　　　　(b) 100℃　　　　　(c) 200℃

(d) 250℃　　　　　(e) 280℃

图 9-2　不同温度下热暴露 6h 后,金字塔点阵结构受 10J 能量冲击时上面板的破坏形貌

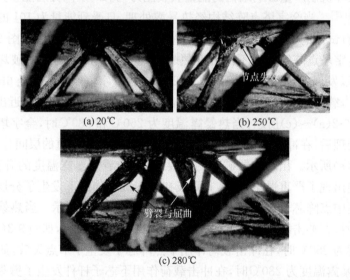

(a) 20℃　　　　　(b) 250℃

(c) 280℃

图 9-3　不同温度下热暴露 6h 后,金字塔点阵结构受 10J 能量冲击时芯子的破坏形貌

透,在穿孔处纤维发生断裂。当热暴露温度为 280℃时,由于纤维基体界面性能严重退化,在冲击载荷作用下试件上面板最外面的 0°纤维层在穿孔处未发生断裂,而是与它相邻的 90°纤维层发生了剥离,如图 9-4(e)所示。在冲击载荷作用下点阵芯子出现了不同程度的破坏,如图 9-5 所示。当热暴露温度在 20~250℃时,金字塔点阵结构在冲击载荷作用下点阵芯子发生了节点失效;当热暴露温度为 280℃

时,芯子杆件发生了劈裂与屈曲失效,如图 9-5(e)所示。

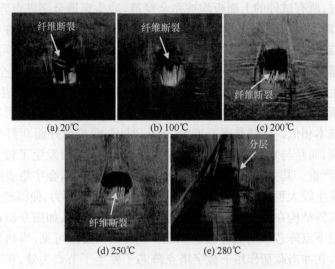

(a) 20℃　　　(b) 100℃　　　(c) 200℃

(d) 250℃　　　(e) 280℃

图 9-4　不同温度下热暴露 6h 后,金字塔点阵结构受 20J 能量冲击时上面板的破坏形貌

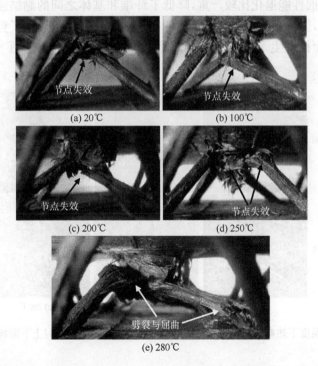

(a) 20℃　　　(b) 100℃

(c) 200℃　　　(d) 250℃

(e) 280℃

图 9-5　不同温度下热暴露 6h 后,金字塔点阵结构受 20J 能量冲击时芯子的失效形式

　　当复合材料金字塔点阵结构经不同温度热暴露处理后,受到能量为 30J 的冲击载荷作用时,所有试件的上面板均被完全穿透,冲头穿透金字塔点阵芯子,与下面板接触,并对下面板造成不同程度的损伤。经不同热暴露处理后,在冲击载荷作用下金字塔点阵结构上下面板的破坏形貌如图 9-6 所示。从图 9-6 可以看出,对于未经热暴露处理的金字塔点阵结构,在冲击载荷作用下上面板被完全穿透,在穿孔处纤维发生断裂。随后,冲头穿透金字塔点阵芯子,致使下面板发生分层破坏,如图 9-6(a)所示。当热暴露温度在 100～250℃时,上下面板的破坏形貌与未经热暴露处理的基本相似。当热暴露温度为 280℃时,上面板最外面 0°纤维层在穿孔处未发生断裂,而是与它相邻的 90°纤维层发生剥离,下面板发生了较大程度的鼓起,变形比较严重。其主要原因为:随着热暴露温度的升高,金字塔点阵结构中环氧树脂基体发生较大程度的分解,降低了基体对纤维的束缚力,使得经热暴露处理后的金字塔点阵结构在冲击载荷作用下能产生较大的变形,如图 9-6(c)所示。在冲击载荷作用下点阵芯子的破坏形貌如图 9-7 所示。由图可见,当热暴露温度在 20～250℃时,在冲击载荷作用下金字塔点阵芯子发生了节点失效,在下面板处也观察到与冲头直径大小相当的凹陷区域;当热暴露温度为 280℃时,由于基体性能及纤维基体界面性能退化比较严重,降低了纤维和基体之间的黏结强度及基体保护纤维的作用,使得金字塔点阵芯子杆件在冲击载荷作用下发生了劈裂与屈曲失效。同时,下面板发生了较大程度的凹陷,并且在凹陷区域出现了分层破坏,如图 9-7(e)所示。

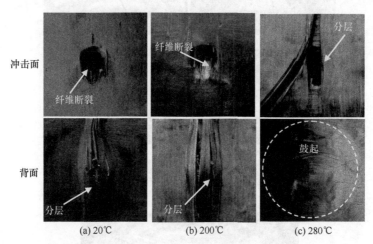

图 9-6　不同温度下热暴露 6h 后,金字塔点阵结构受 30J 能量冲击时上下面板的破坏形貌

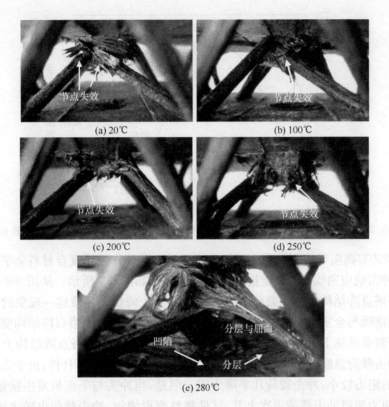

图 9-7　不同温度下热暴露 6h 后,金字塔点阵结构受 30J 能量冲击时金字塔点阵芯子的破坏形貌

9.3.2　复合材料金字塔点阵结构的冲击响应

在 200℃高温环境下暴露 6h 后,在 10J 冲击载荷作用下复合材料金字塔点阵结构的冲击响应曲线(载荷-能量-变形-时间曲线)如图 9-8 所示。通过能量-时间曲线和变形-时间曲线可以发现,金字塔点阵结构的上面板未被穿透,落锤在上面板处产生回弹。当落锤与上面板发生接触后,试件变形增加,金字塔点阵结构吸收的能量也随之增加,直至变形达到最大值,此时金字塔点阵结构几乎吸收了来自落锤的全部能量。随后,能量-时间曲线和变形-时间曲线的斜率变为负值,说明落锤开始改变运动方向,此时储存在金字塔点阵结构内部的弹性变形能使落锤向相反的方向运动。随着落锤的回弹,金字塔点阵结构吸收的能量也随之减少。当落锤与上面板脱离接触的那一刻,载荷变为零,而能量则保持为一常数。这个常数即为金字塔点阵结构最终吸收的能量。

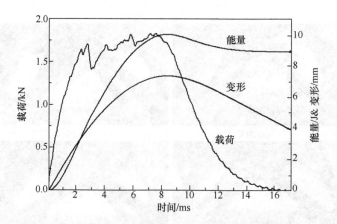

图 9-8　在 200℃下暴露 6h 后,受 10J 能量冲击时金字塔点阵结构的载荷-能量-变形-时间曲线

　　在 250℃高温环境下暴露 6h 后,在 20J 冲击载荷作用下复合材料金字塔点阵结构的冲击响应曲线(载荷-能量-变形-时间曲线)如图 9-9 所示。从图 9-9 可以看出,金字塔点阵结构的冲击载荷-时间曲线具有两个峰值。导致这一现象的主要原因为:当落锤与金字塔点阵结构上面板发生接触后,随着金字塔点阵结构变形的增加,冲击载荷迅速上升;当冲击载荷到达第一个峰值时,金字塔点阵结构上面板被击穿,冲击载荷急剧下降;随后,冲头进入点阵芯子并破坏芯子杆件,由于点阵芯子对冲头的阻力较小,冲击载荷几乎降为零。但是,当冲头与下面板发生接触后,下面板的阻力使得冲击载荷再次上升,试件弹性变形增加,冲击载荷也随之增加,直至达到第二个峰值点。随后,冲头在下面板处发生回弹,并与下面板脱离接触,冲击载荷降为零。

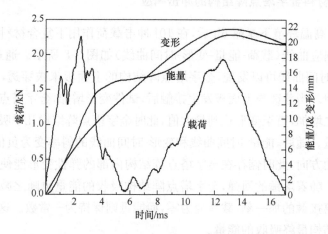

图 9-9　在 250℃下暴露 6h 后,受 20J 能量冲击时金字塔点阵结构的载荷-能量-变形-时间曲线

9.3.3　热暴露对金字塔点阵结构能量吸收特性的影响

图 9-10 给出了经不同温度热暴露处理后,在冲击载荷作用下复合材料金字塔点阵结构的能量吸收情况,图中的能量吸收值均是三次测试结果的平均值。从图 9-10 可以发现,金字塔点阵结构在冲击载荷作用下吸收的能量随热暴露温度的升高而增加。这主要是因为随着热暴露温度的升高,金字塔点阵结构在冲击载荷作用下将产生较大程度的变形。试件在冲击载荷作用下发生分层破坏有利于结构吸收更多的能量,从而提高金字塔点阵结构的能量吸收。当金字塔点阵结构受到能量为 10J 的冲击载荷作用时,所有试件的上面板都未被穿透,落锤在上面板处产生回弹。大部分能量都被试件以内部变形及内部损伤的形式吸收,小部分能量则被试件以弹性变形的形式转移给冲头。在 20J 冲击载荷作用下,热暴露温度升高,金字塔点阵结构吸收的能量也随之增加。在 30J 冲击载荷作用下,所有试件的上面板均被穿透,冲头进入点阵芯子,并与下面板发生接触,对下面板造成不同程度的破坏,此时点阵结构吸收了几乎全部的冲击能量。对于在 280℃高温环境下暴露 6h 后的金字塔点阵结构,在冲击载荷作用下,下面板发生了较大的变形,并产生了严重的分层破坏,如图 9-7(e)所示,有利于结构最大限度地吸收冲击能量,此时结构吸收的冲击能量略高于初始设定的冲击能量(30J)。其主要原因为:在进行初始冲击能量设置时,选取金字塔点阵结构上面板为落锤高度零点,然后根据试验中所需冲击能量大小,将落锤调整到指定高度,进行冲击试验。在 30J 冲击载荷作用下,落锤冲头穿透上面板进入点阵芯子(芯子具有一定高度),使得落锤下降的高度略大于初始设定高度,造成实际冲击能量略高于初始设定冲击能量,进而使得结构最终吸收的冲击能量略高于初始设定的冲击能量。当冲击能量为 20J 时,也出现了结构吸收的冲击能量略高于初始设定的冲击能量的现象。

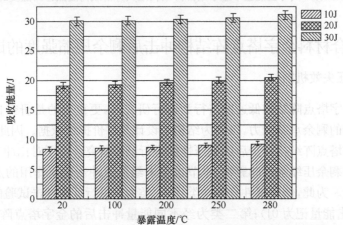

图 9-10　三种不同冲击能量下金字塔点阵结构吸收的能量随热暴露温度的变化关系

9.3.4　热暴露对金字塔点阵结构最大冲击载荷的影响

图 9-11 给出了复合材料金字塔点阵结构经不同热暴露处理后在三种不同冲击能量下最大冲击载荷随热暴露温度的变化关系。从图 9-11 可以发现,最大冲击载荷随热暴露温度的升高而降低。其主要原因为:随着热暴露温度的升高,基体性能及纤维基体界面性能发生严重退化,使得基体对纤维的支撑能力减弱,从而削弱了金字塔点阵结构抵抗冲击载荷的能力。当冲击能量从 10J 增加到 20J 时,最大冲击载荷也随之增加。然而,当冲击能量从 20J 增加到 30J 时,最大冲击载荷并未发生明显变化。这主要是由于金字塔点阵结构在 20J 和 30J 冲击载荷作用下,上面板均被完全穿透,在上面板被穿透的那一刻冲击载荷达到峰值点,所以当冲击能量从 20J 增加到 30J 时,最大冲击载荷变化不大。

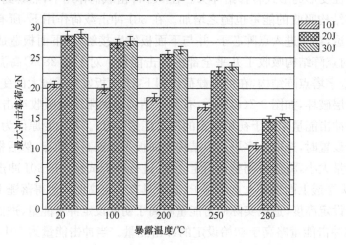

图 9-11　在三种不同冲击能量下金字塔点阵结构最大冲击载荷随热暴露温度的变化关系

9.4　复合材料金字塔点阵结构冲击后剩余压缩强度的试验研究

9.4.1　侧压失效机制

除对金字塔点阵结构低速冲击行为进行研究外,更重要的是研究含冲击损伤的点阵结构的剩余承载能力,以便为结构的设计及评价提供依据。因此,本节对复合材料金字塔点阵结构冲击后的侧压性能进行试验研究。为了对比冲击能量大小对点阵结构剩余压缩强度的影响,本节也对未经低速冲击载荷作用的点阵结构进行侧压试验。为此,侧压试件分为两类:第一类为未进行低速冲击试验的金字塔点阵结构(冲击能量记为 0J);第二类为经不同能量冲击后的金字塔点阵结构(冲击能量分别为 10J、20J 和 30J)。图 9-12 给出了复合材料金字塔点阵结构经不同热暴露温度处理后的侧压失效模式。从图 9-12 可以看出,对于热暴露后未进行低速冲击试验的金字塔点阵结构,当热暴露温度在 20～200℃ 时,在侧压载荷作用下点阵结构面板发生了局部屈曲失效,如图 9-12(a)所示;当热暴露温度为 250℃ 和 280℃ 时,点阵结构在侧压载荷作用下,面板发生了局部屈曲和分层失效,如图 9-12(b)所示。这主要是由于随着热暴露温度的升高,基体性能和纤维基体界面性能退化比较严重,降低了纤维基体界面的黏结强度,从而导致面板分层破坏的产生。

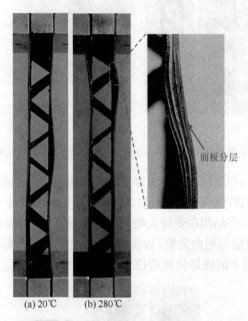

面板分层

(a) 20℃　　　(b) 280℃

图 9-12　不同温度下热暴露 6h 后金字塔点阵结构的侧压失效模式

对于经不同温度热暴露处理,且受能量为 10J 冲击载荷作用的金字塔点阵结构,当热暴露温度在 20～200℃ 时,在侧压载荷作用下冲击后的金字塔点阵结构面板发生了局部屈曲失效,如图 9-13(a)所示;但当热暴露温度为 250℃ 和 280℃ 时,试件经热暴露处理后,在冲击载荷作用下容易在面板形成裂纹和分层,如图 9-2 所示。因此,受冲击载荷作用后,在侧压载荷作用下试件中原有的分层裂纹会因压缩应力进一步扩展,树脂基体逐渐从纤维表面剥离和脱落,导致纤维失去了基体的支撑和保护,使得夹芯结构面板发生了局部屈曲,同时受冲击载荷作用的面板在侧压载荷作用下产生了严重的分层失效,如图 9-13(b)所示。通过对比图 9-12(b)和图 9-13(b)可以发现,经能量为 10J 冲击载荷作用后的金字塔点阵结构,在侧压载荷作用下面板分层破坏程度明显高于未受冲击载荷作用的试件。

对于经不同温度热暴露处理,且受能量为 20J 冲击载荷作用的金字塔点阵结构,当热暴露温度在 20～200℃ 时,在侧压载荷作用下冲击后的金字塔点阵结构面板

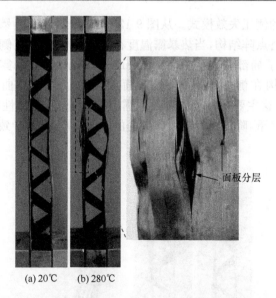

(a) 20℃　　(b) 280℃

图 9-13　不同温度下热暴露 6h 后,受 10J 能量冲击后金字塔点阵结构的侧压失效模式

发生了局部屈曲失效,与此同时在面板穿孔附近也发生了分层失效,如图 9-14(a)所示。但是,当金字塔点阵结构在 250℃和 280℃高温下热暴露 6h 后,由于基体性能退化比较严重,金字塔点阵结构在受较大能量冲击载荷作用时,面板发生了严重破坏,并且出现了严重的分层与屈曲失效,如图 9-14(b)所示。观察压缩破坏试件发现,试件在侧压载荷作用下的破坏位置均位于冲击损伤区域附近。

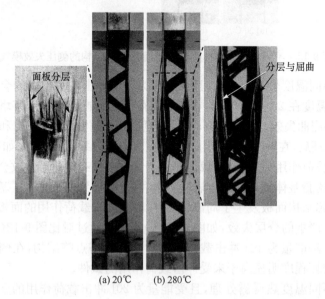

(a) 20℃　　(b) 280℃

图 9-14　不同温度下暴露 6h 后,受 20J 能量冲击后金字塔点阵结构的侧压失效模式

对于经不同温度热暴露处理,且受能量为 30J 冲击载荷作用的金字塔点阵结构,其冲击后的侧压失效模式与经能量为 20J 冲击载荷作用后的试件基本相同,如图 9-15 所示。不同之处在于其面板分层破坏程度高于经能量为 20J 冲击载荷作用后的试件。造成这一差别的主要原因为:能量为 30J 的冲击载荷对金字塔点阵结构面板造成的损伤更大。通过对比图 9-14(a)和图 9-15(a)发现,对于经能量为 30J 冲击载荷作用的金字塔点阵结构,在侧压载荷作用下,除了受冲击载荷作用的那一侧面板发生分层失效,另一侧面板也发生了较大程度的分层破坏。

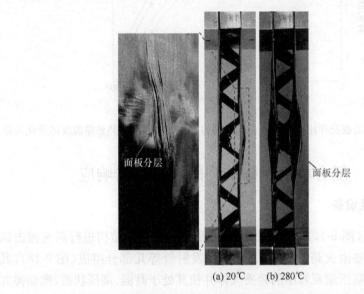

（a）20℃　　（b）280℃

图 9-15　不同温度下热暴露 6h 后,受 30J 能量冲击后金字塔点阵结构的侧压失效模式

9.4.2　冲击后的剩余压缩强度

图 9-16 给出了复合材料金字塔点阵结构冲击后的剩余压缩强度随热暴露温度的变化关系。从图 9-16 可以发现,剩余压缩强度随热暴露温度的升高而降低。这主要是由于随着热暴露温度的升高,基体性能及纤维基体界面性能退化越来越严重,使得点阵结构在冲击载荷作用下的损伤也越来越严重,从而降低了点阵结构冲击后的剩余承载能力。从图 9-16 也可以看出,剩余压缩强度随冲击能量的增加而降低。由图 9-2 可知,当试件经 10J 冲击载荷作用后,上面板均产生了不同程度的凹陷,在试件内部可能产生一些肉眼观察不到的损伤,这些损伤将会导致剩余压缩强度的降低。因此,与未经冲击载荷作用的试件(冲击能量为 0)相比,试件经能量为 10J 的冲击载荷作用后,剩余压缩强度出现了一定程度的下降。当冲击能量增加到 20J 时,试件上面板被完全穿透,使得冲击后的剩余压缩强度与经能量为 10J 的冲击载荷作用后的试件相比出现了一定幅度的降低。当冲击能量增加到

30J时,冲头击穿上面板,穿透点阵芯子,与下面板发生接触,并对下面板产生了一定程度的破坏,造成了剩余压缩强度的进一步降低。

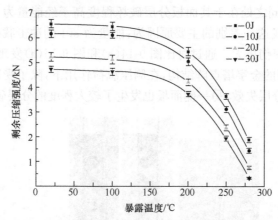

图 9-16　不同能量冲击载荷作用后金字塔点阵结构的剩余压缩强度随热暴露温度的变化关系

9.5　复合材料点阵结构的高速撞击响应

9.5.1　试验原理及设备

用二级轻气炮(图 9-17)对碳纤维层合板及碳纤维点阵结构进行高速撞击试验。二级轻气炮主要由火药室、泵管、高压段、发射管等几部分组成(图 9-18),其工作原理是利用活塞压缩泵管中的轻质气体并使其处于高温、高压状态,推动弹丸前行。活塞后面的药室内装填有火药(或者高压氮气),作为第一级推进剂;当火药被点燃后,产生的气体冲破药室与活塞之间的隔板,推动活塞前进,压缩活塞前部泵管中的轻质气体;当轻质气体被压缩到指定压力后,气体冲破泵管与发射管之间的膜片。这时,弹体在高温、高压的轻质气体推动下达到较高的速度[79]。

图 9-17　二级轻气炮

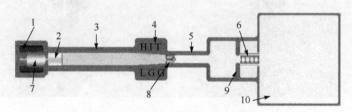

图 9-18　二级轻气炮示意图

1. 高压气室；2. 活塞；3. 泵管；4. 高压器；5. 发射管；

6. 激光测速装置；7. 隔板；8. 弹托及子弹；9. 弹托分离板；10. 靶件

9.5.2　碳纤维层合板和金字塔点阵结构的破坏模式

　　本节将对碳纤维层合板在高速撞击下的破坏模式进行研究，图 9-19 为1.5mm厚的层合板受到冲击速度为 1470m/s 的弹体冲击时的高速摄影照片。由于冲击速度较大，不能十分清晰地观察到子弹的运行轨迹，所以照片中使用白色圆圈对子弹的瞬时位置给予标注。

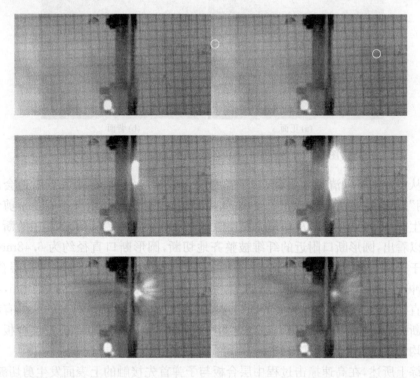

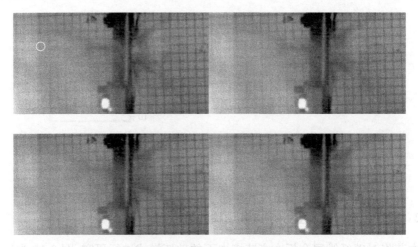

图 9-19　碳纤维层合板及点阵结构的高速撞击照片

1470m/s,时序从左至右,从上到下依次增加

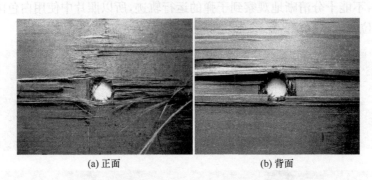

(a) 正面　　　　　　　　　　(b) 背面

图 9-20　高速撞击下层合板的断口形貌(1470m/s)

　　从照片中可以清楚地看到,当子弹与层合板相接触时,在接触点附近会出现"暴明"现象,这是由子弹的速度较快、作用时间较短,子弹与层合板间由于剪切作用产生的热量迅速堆积,从而使得温度急剧上升所导致的。从图 9-20 中的断口形貌可以看出,圆形断口附近的纤维被整齐地切断,圆形断口直径约为 6.48mm,明显大于子弹直径 6mm。接下来,让子弹以相对较低的速度(757m/s)冲击层合板,整个冲击过程中没有观察到明显的"暴明"现象,圆形断口直径约为 6.1mm,与子弹的直径相当。从层合板背面的断口形貌可以看出,圆形断口右侧的纤维有明显拉伸断裂的特征(图 9-21(b)),这与之前所述的高速撞击(1470m/s)下层合板正反两面均为剪切破坏的模式不同。

　　综上所述,在高速撞击过程中层合板与子弹首先接触的上表面发生剪切破坏。当冲击速度较高时,沿厚度方向层合板纤维全部发生剪切破坏;当冲击速度较低时,在层合板上表面发生剪切破坏,而在下表面纤维发生拉伸破坏。因此,冲击速度越慢,层合板的厚度越大,纤维沿厚度方向拉伸破坏的比例越大,这时层合板的破坏为"拉伸主导"型破坏;反之,冲击速度越快,层合板的厚度越小,纤维沿厚度方向剪切破坏的比例越大,这时层合板的破坏为"剪切主导"型破坏。由于碳纤维层合板在不同的冲击速度下表现出不同的破坏模式,而破坏模式的不同必将导致能量吸收效率的不同,所以了解碳纤维层合板在高速撞击下的破坏模式是研究碳纤维层合板能量吸收的重要基础。由于纤维的拉伸强度远大于剪切强度,所以层合板处于"拉伸主导"破坏模式下的能量吸收要远大于层合板处于"剪切主导"破坏模式的值。

(a) 正面　　　　　　　　　　(b) 背面

图 9-21　高速撞击下层合板的断口形貌(757m/s)

采用试验方法研究了碳纤维点阵结构的高速撞击响应,为后续的数值模拟工作提供了试验依据。图 9-22 为子弹以较低的初始速度(480m/s)撞击碳纤维金字塔点阵结构的高速摄影照片。从图中可以看出,由于冲击速度相对较低,在子弹与上、下面板接触时并没有产生明显的"暴明"现象,纤维"喷溅"的幅度也相对较小。

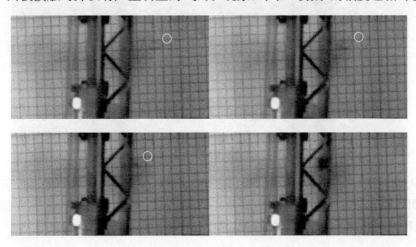

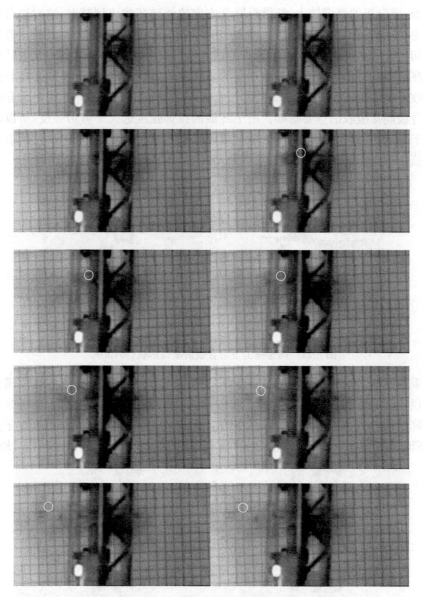

图 9-22　碳纤维点阵结构的高速撞击照片(480 m/s)

　　从图 9-23 中的断口形貌可以看出,碳纤维复合材料点阵结构的上面板仍然表现出明显的剪切破坏特征,断口较为整齐。与此同时,下面板由于冲击速度相对较慢,表现出明显的纤维拉伸破坏特征。

(a) 上面板

纤维拉伸断裂
(b) 下面板

图 9-23　碳纤维点阵结构高速撞击下的端口形貌图(480m/s)

9.6　本 章 小 结

本章研究了高温热暴露对复合材料金字塔点阵结构低速冲击行为的影响以及冲击后结构的剩余压缩强度,同时研究了碳纤维层合板和碳纤维点阵结构的低速和高速撞击响应,得到以下结论。

(1) 碳纤维复合材料金字塔点阵结构热暴露后的冲击失效机制与热暴露温度密切相关。当热暴露温度较低时,经热暴露处理后,在冲击载荷作用下金字塔点阵结构容易发生纤维断裂。随着热暴露温度的升高,由于基体及纤维基体界面性能退化比较严重,所以经热暴露处理后在冲击载荷作用下试件产生了较大的变形和分层失效。

(2) 复合材料金字塔点阵结构受冲击载荷作用时,吸收的能量随着热暴露温度的升高而增加,主要原因为:随着热暴露温度的增加,在冲击载荷作用下结构产生了较大的变形和分层现象,从而吸收了更多的冲击能量。

(3) 随着热暴露温度的升高,基体性能和纤维基体界面性能退化比较严重,从而削弱了金字塔点阵结构抵抗冲击载荷的能力,使得最大冲击载荷随热暴露温度的升高而降低。

(4) 高温热暴露影响复合材料金字塔点阵结构冲击后的剩余压缩强度。热暴露温度越高,经热暴露处理后金字塔点阵结构力学性能的退化幅度越大,冲击载荷对结构造成的损伤也越严重,从而使得结构冲击后的剩余压缩强度随热暴露温度的升高而降低。

(5) 通过试验方法研究了碳纤维层合板和点阵结构的高速撞击响应,发现冲击速度较高时层合板和点阵结构的面板主要以剪切失效为主。

第 10 章　多层级复合材料点阵结构的力学性能

10.1　引　　言

　　Lakes 曾在 *Nature* 期刊撰文指出：自然界和人造的结构中很多结构单元本身拥有另一个尺度的结构，这种结构的层级性对材料物理性能具有较大的影响[80]。多级构造在自然界广泛存在，如木头、骨头，同时也被认为是一种提高结构效率的有效策略。工程结构材料中，已有的多层级波纹板[81]、多层级正方形蜂窝芯子[82]等都是基于多层级的思想发展而来的，其中多层级波纹板在相同密度下的强度可达到普通波纹板的 10 倍。因此，本章将继续扩展结构构型，发展多层级复合材料点阵结构。这些多层级结构将通过弯曲或拉伸主导型的多孔芯材及其夹芯结构在不同尺度上的混合来构造，包括拉-拉混合型、拉-弯混合型等。为了评价这类复杂结构的结构效率，首先建立了如图 10-1 所示的流程图。

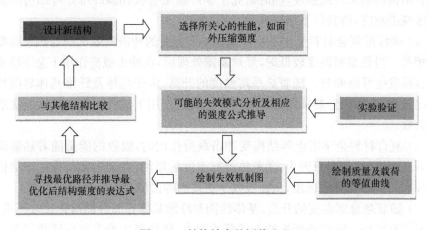

图 10-1　结构效率的评价流程

10.2　拉-拉混合型多层级复合材料点阵结构

10.2.1　结构概念及制备方法

　　拉-拉混合型多级结构是指在宏-细观两种尺度上结构的拓扑构型均为拉伸主导型的二阶多层级结构，这里主要研究以金字塔点阵为代表的拉伸主导型结构，如图 10-2 所示。在宏观尺度上，芯子构型为矩形截面的金字塔点阵，其中每一个杆件又为细观尺度上的金字塔点阵夹芯梁,这里假定细观上的复合材料点阵结构为空心金字塔点阵结构。

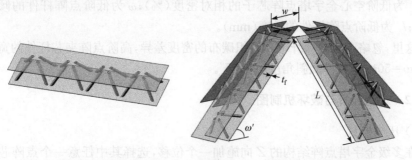

空心金字塔型复合材料点阵结构　　　　　多层级金字塔型点阵结构

(a) 示意图

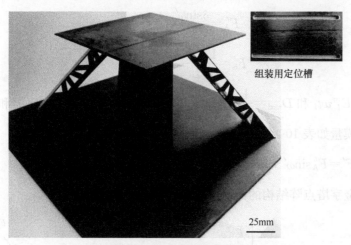

组装用定位槽

25mm

(b) 制备所得的多级金字塔型夹芯结构

图 10-2　拉-拉混合型多级金字塔点阵芯子结构(彩图见文后)

一般来讲,多层级结构由于涉及多个结构尺度,直接制备困难且成本较高,所以采用二步法来制备:首先,改进第 2 章介绍的模具热压一次成型技术制备空心金字塔点阵夹芯梁;然后,在一定厚度的复合材料平板上按照如图 10-2(b)所示的方式开定位槽,把夹芯梁进一步组装,从而得到二阶的多层级金字塔点阵结构。需要注意的是,层板的开槽位置需要根据设计好的结构尺寸进行精确计算。

拉-拉混合型多层级点阵结构的代表性单胞如图 10-2(a)所示,结构的相对密度可以表示为

$$\bar{\rho}' = \frac{2(2Lwt_{\mathrm{f}} + \bar{\rho}_{\mathrm{h}}Lwl_1\sin\omega)}{L\sin\omega'[L\cos\omega' + w + (2t_{\mathrm{f}} + l_1\sin\omega)/\sin\omega']^2} \tag{10-1}$$

式中,L 为高阶点阵夹芯杆件的长度(mm);w 为高阶点阵夹芯杆件的宽度(mm);t_f 为高阶点阵夹芯杆件中面板的厚度(mm);ω' 为高阶点阵夹芯杆件的倾斜角度(°);$\bar{\rho}_h$ 为低阶空心金字塔点阵芯子的相对密度(%);ω 为低阶点阵杆件的倾斜角度(°);l_1 为低阶点阵杆件的长度(mm)。

这里,忽略了单向碳纤维及编织碳布的密度差异,高阶点阵夹芯杆件的宽度固定为 $w=50\text{mm}$,杆件倾斜角度 $\omega'=45°$。

10.2.2 理论分析与破坏机制图

1) 压缩模量

在多级金字塔点阵结构的 Z 向施加一个位移,选择其中任意一个点阵芯子杆件,如图 10-3 所示,假设杆件两端为固支边界条件。基于夹芯梁理论,考虑夹芯杆件的拉伸与弯曲,高阶点阵夹芯杆件的轴向及法向力可表示为

$$F'_A = \frac{\delta \sin\omega'}{L} A_{\text{sand}} \tag{10-2}$$

$$F'_S = \frac{12\delta \cos\omega'}{L^3} D_{\text{sand}} \tag{10-3}$$

式中,$A_{\text{sand}} = 2E_f^{\text{eq}} w t_f$ 和 $D_{\text{sand}} = \frac{1}{2} E_f^{\text{eq}} w t_f l_1^2 \sin^2\omega$ 分别为夹芯杆件的压缩和弯曲刚度,等效弹性模量如表 10-1 所示。夹芯梁杆件在 Z 向的合力 F' 为

$$F' = F'_A \sin\omega' + F'_S \cos\omega' = \delta\left(\frac{\sin^2\omega'}{L} A_{\text{sand}} + \frac{12\cos^2\omega'}{L^3} D_{\text{sand}}\right) \tag{10-4}$$

因此,多层级金字塔点阵结构的面外压缩模量可以表示为

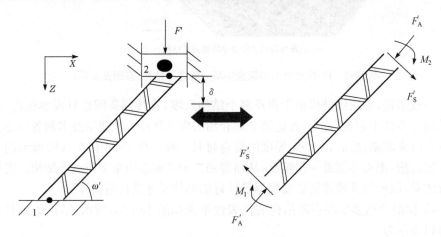

图 10-3 多层级金字塔点阵结构在面外压缩时的受力分析

$$E' = \left(A_{sand}\sin^2\omega' + \frac{12D_{sand}}{L^2}\cos^2\omega'\right)\frac{2\sin\omega'}{[L\cos\omega' + w + (2t_f + l_1\sin\omega)/\sin\omega']^2}$$

$$= \bar{\rho}'\left(E_f\sin^4\omega' + 3E_f\frac{l_1^2}{L^2}\frac{\sin^2\omega}{}\sin^2\omega'\cos^2\omega'\right)\bigg/\left(1 + \bar{\rho}_h\frac{l_1\sin\omega}{2t_f}\right) \tag{10-5}$$

由于细观尺度上的空心金字塔芯子对结构的刚度贡献可以忽略,所以整个多级结构的比压缩刚度比相应的低阶点阵结构的要小,这与文献[80]中的理论预测是一致的。

表 10-1 多级结构组成单元的力学性能

层板				铺层	E_f^{cp}/GPa	σ_f/MPa
				$[0°/90°/0°]$	41.2	135.8
d_o/mm	d_i/mm		$\bar{\rho}_h$/%	铺层	E_{sh}^{cp}/GPa	σ_{sh}/MPa
空心杆件	6	5.4	1.07	0,90	10.15	93.11
	6	4.5	2.21	$0_2/(0,90)$	11.66	121.32
	6	3	4.53	$0_4/(0,90)_2$	13.52	188.68

注:d_i 和 d_o 分别表示空心圆杆的内直径和外直径

2) 面外压缩强度

在面外压缩下,考虑六种可能的破坏模式,如图 10-4 所示,并对相应的多级结构强度进行理论分析与预报。

细观杆件断裂:

$$\sigma_p' = \frac{2\pi(d_o^2 - d_i^2)\sigma_{cf}}{[L\cos\omega' + w + (2t_f + l_1\sin\omega)/\sin\omega']^2}$$

$$\times\left(\sin\omega + \frac{3}{4}\frac{d_o^2 + d_i^2}{l_1^2}\frac{\cos^2\omega}{\sin\omega}\right)\left(\cos\omega' + \frac{\sin^2\omega'}{\cos\omega'}\frac{A_{sand}L^2}{12D_{sand}}\right) \tag{10-6}$$

细观杆件屈曲:

$$\sigma_p' = \frac{\pi^2 E_{sh}^{eq}(d_o^4 - d_i^4)}{2l_1^2[L\cos\omega' + w + (2t_f + l_1\sin\omega)/\sin\omega']^2}$$

$$\times\left(\sin\omega + \frac{3}{4}\frac{d_o^2 + d_i^2}{l_1^2}\frac{\cos^2\omega}{\sin\omega}\right)\left(\cos\omega' + \frac{\sin^2\omega'}{\cos\omega'}\frac{A_{sand}L^2}{12D_{sand}}\right) \tag{10-7}$$

夹芯杆件的面板起皱:

$$\sigma_p' = \frac{16\pi^2 D_f}{(\sqrt{2}l_1\cos\omega + l_2)^2}\frac{\sin\omega' + \frac{\cos^2\omega'}{\sin\omega'}\frac{12D_{sand}}{L^2 A_{sand}}}{[L\cos\omega' + w + (2t_f + l_1\sin\omega)/\sin\omega']^2} \tag{10-8}$$

夹芯杆件的面板破坏：

$$\sigma'_p = 4\sigma_f t_f w \dfrac{\sin\omega' + \dfrac{\cos^2\omega'}{\sin\omega'}\dfrac{12D_{sand}}{L^2 A_{sand}}}{[L\cos\omega' + w + (2t_f + l_1\sin\omega)/\sin\omega']^2} \qquad (10\text{-}9)$$

夹芯杆件的欧拉屈曲：

$$\sigma'_p = 8\pi^2 \dfrac{D_{sand}}{L^2} \dfrac{\sin\omega' + \dfrac{\cos^2\omega'}{\sin\omega'}\dfrac{12D_{sand}}{L^2 A_{sand}}}{[L\cos\omega' + w + (2t_f + l_1\sin\omega)/\sin\omega']^2} \qquad (10\text{-}10)$$

夹芯杆件的剪切屈曲：

$$\sigma'_p = \dfrac{1}{4} E^{eq}_{sh}\bar{\rho}_h w l_1 \sin\omega \, \sin^2 2\omega \dfrac{\sin\omega' + \dfrac{\cos^2\omega'}{\sin\omega'}\dfrac{12D_{sand}}{L^2 A_{sand}}}{[L\cos\omega' + w + (2t_f + l_1\sin\omega)/\sin\omega']^2} \qquad (10\text{-}11)$$

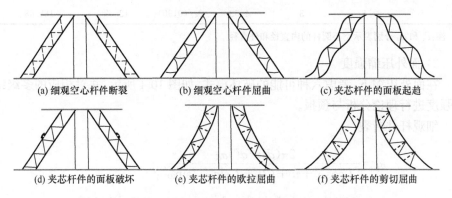

(a) 细观空心杆件断裂　　　(b) 细观空心杆件屈曲　　　(c) 夹芯杆件的面板起趋

(d) 夹芯杆件的面板破坏　　　(e) 夹芯杆件的欧拉屈曲　　　(f) 夹芯杆件的剪切屈曲

图 10-4　多级金字塔点阵芯子在面外压缩下的破坏模式

3）破坏机制图

　　基于以上的预报公式，以高阶点阵夹芯杆件的面板几何尺寸 t_f/l_1 和 L/l_1 为参数，针对不同的 d_i/l_1 分别绘制拉-拉混合型多级金字塔点阵结构的破坏机制图，如图 10-5 所示，其中给定 $d_o/l_1 = 0.3$，$w/l_1 = 2.5$，倾斜角度为 $\omega = \omega' = 45°$。多级结构的基本组成单元，如层合板和空心杆件的力学性能，见表 10-1。当 $d_i/l_1 = 0.27$ 时，从图 10-5(a)可看出，高阶点阵夹芯杆件的剪切屈曲将会成为主导的破坏模式，而该杆件中面板不会发生断裂失效。较小尺度上点阵杆件的断裂在每幅图中都只占据左边的一部分，说明只有当杆件较短时，这种破坏模式才会成为结构的破坏模式之一。

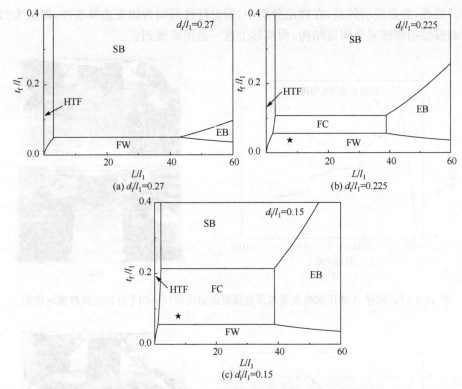

图 10-5　以 t_f/l_1 和 L/l_1 为参数而建立的拉-拉混合型多级
金字塔点阵芯子在面外压缩下的破坏机制图

SB＝剪切屈曲；FW＝面板起皱；FC＝面板压溃；EB＝欧拉屈曲；HTF＝空杆断裂

10.2.3　试验验证

理论分析后,对多级夹芯结构进行选择性的压缩试验,取两种不同尺寸的试样 A 和 B。对于试样 A（$\bar{\rho}'=1.11\%$）,$L=100$mm,$t_f=0.71$mm,$d_i=4.5$mm,其压缩响应如图 10-6(a)所示。法向应力随着应变线性增加,直到达到最大应力 0.27MPa,此时至少有一个夹芯杆件发生了面板起皱,致使压缩应力逐渐减小。当 $\varepsilon\approx0.03$ 时,所对应的破坏模式如图 10-6(b)所示。伴随着一系列的局部屈曲行为及应变的进一步增大,空心杆件的节点发生了破坏。相对应的理论预报强度为 0.29MPa,试验与之相差 6.9%。对于试样 B（$\bar{\rho}'=1.06\%$）,$L=150$mm,$t_f=1.12$mm,$d_i=5.4$mm,理论预测的主导破坏模式为剪切屈曲。试验所得的响应如图 10-7(a)所示,结构的最大强度为 0.33MPa,而理论预测值为 0.42MPa。图 10-7(b)所对应的是应变 $\varepsilon\approx0.035$ 时结构的失效模式,从图中可以看出,1-3 方向上两个结构的变形形式并不对称,这一现象可归因于这两个空心金字塔点阵夹芯杆件的边界条件在试验中没有控制到完全相同,因而所受约束不同,变形也不相同。另外,需要说明的是,在理论分析中,假设杆件两端为固支边界条件,即认为凹槽和胶黏剂能够完全固定结构,而实际上这一点很难做到。

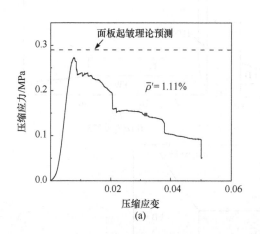 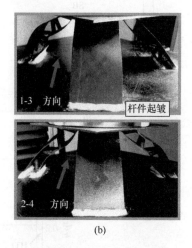

图 10-6　(a)试样 A 的压缩响应及与理论预报值的比较;(b)四个杆件的典型破坏模式

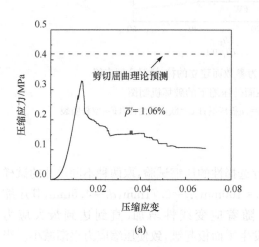 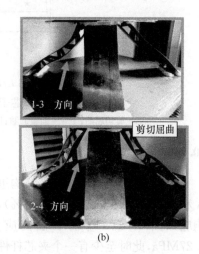

图 10-7　(a)试样 B 的压缩响应及与理论预报值的比较;(b)四个杆件的典型破坏模式

10.2.4　优化与结构效率评价

多级点阵夹芯结构在给定相对密度下的强度是可以通过结构几何尺寸的设计实现最大化的。这里,在以下给定条件下利用破坏机制图对结构进行优化设计。

(1)点阵夹芯梁的面板铺层方式为[0°/90°/0°],空心杆件全为织物,即[0°,90°],因此各组成部分的压缩性能已经给定。

(2) 点阵芯子在两种长度尺度上杆件的倾斜角度 $\omega = \omega' = 45°$（根据 Deshpande 和 Fleck[83] 的报道，此时压缩性能与剪切性能综合考虑最优）。

(3) 模具尺寸固定，从而有 $d_o/l_1 = 0.3$，$l_2/l_1 = 0.75$ 和 $w/l_1 = 2.5$。这里，l_2 为空心点阵芯子相邻件间距。

以 t_f/l_1 和 d_i/l_1 为参数建立面外压缩的失效机制图，如图 10-8 所示。当 $L/l_1 = 2.5$ 时，结构的主导破坏模式为杆件断裂、面板的起皱及压溃；而当 $L/l_1 = 7.5$ 时，则为夹芯梁的剪切屈曲、面板的起皱及压溃。将无量纲化后的载荷 $\bar{\sigma}' = \sigma'_p/\sigma_f$ 和相对密度的等值线添加到破坏机制图中，发现给定密度下强度最大的设计路径为各个破坏区域的边界，如图 10-8(b) 中箭头所指，从而得到最优的压缩强度与密度的关系为

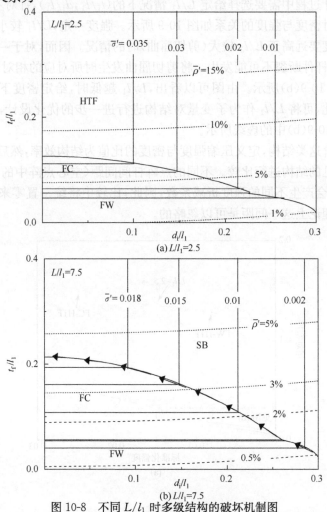

(a) $L/l_1 = 2.5$

(b) $L/l_1 = 7.5$

图 10-8 不同 L/l_1 时多级结构的破坏机制图

图中的箭头所指即为最优化路径

$$\bar{\rho}' = \begin{cases} \dfrac{2+16\sigma_{\rm f}/E_{\rm sh}}{1+3l_1^2/2L^2}\bar{\sigma}', \quad \text{FC-SB} \\[4mm] \dfrac{4\sqrt{2}\dfrac{w}{L}}{\left(\dfrac{\sqrt{2}}{2}+\dfrac{w}{L}+\dfrac{l_1}{L}\right)^2}\left[\dfrac{3\sigma_{\rm f}\dfrac{L}{w}\left(1+\dfrac{l_2}{l_1}\right)^2\left[\dfrac{\sqrt{2}}{2}+\dfrac{w}{L}+\dfrac{l_1}{L}\right]^2}{2\sqrt{2}\pi^2E_{\rm f}\left(\dfrac{L^2}{l_1^2}+\dfrac{3}{2}\right)}\right]^{1/3}\bar{\sigma}'^{1/3} \\[4mm] +\dfrac{16\sigma_{\rm f}}{E_{\rm sh}\left(1+\dfrac{3l_1^2}{2L^2}\right)}\bar{\sigma}', \quad \text{FW-SB} \end{cases} \tag{10-12}$$

最优设计过程中需要选择给定 L/l_1 情况下的 $(t_{\rm f}/l_1, d_{\rm i}/l_1)$，针对不同的 L/l_1，优化后的相对密度与强度的关系如图 10-9 所示。强度一定，L/l_1 较小(杆件断裂)时的相对密度要远高于 L/l_1 较大(剪切屈曲)时的情况。因而，对于一个经过优化设计的结构，杆件断裂不可能发生。将剪切屈曲发生时所对应的相对密度-强度曲线放大，如图 10-9(b)所示。由图可以看出，L/l_1 越低时，给定密度下所对应的强度越高。因此，可将 L/l_1 作为子变量对结构进行进一步的优化设计，最终优化后的结构如图 10-9(b)中的虚线所示。

为了评价这类结构，定义压缩强度与密度的比值为结构效率，然后将其结构效率与其他常见的结构进行比较。不同的点阵杆间间距(空心点阵中的 l_2 和多级结构中的 w)将会产生不同的强度折减系数，因此，比较中将统一置零来消除这一影响并且认为理论上这一间距是可以忽略的。

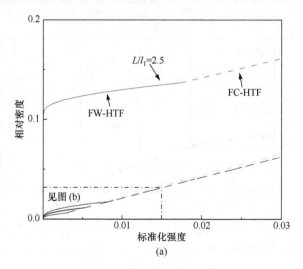

(a)

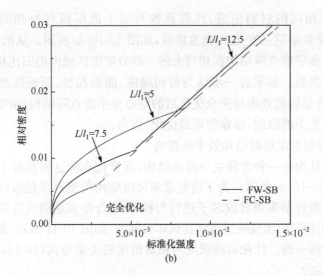

图 10-9　L/l_1 不同时多级金字塔点阵结构无量纲化强度与相对密度的关系

图(b)为图(a)的部分放大图

1) 与基于杆件的低阶点阵芯子的比较

首先将拉-拉混合型多层级金字塔点阵结构与低阶的实心或空心金字塔复合材料点阵结构进行对比,无量纲化过程中统一除以面板的强度 σ_f,结果如图 10-10(a)所示。比较发现,多层级点阵结构的效率明显高于低阶的实心点阵结构,且当 $\bar{\rho}' > 0.003$ 时优于空心点阵结构。

2) 与基于层板的低阶点阵芯子的比较

对于层合板与复合材料空心杆件,影响多级结构效率的关键材料参数 σ/E,会由于二者成型工艺的不同而不同。从表 10-1 可以看出,层合板的参数 σ/E 要高于复合材料空心杆件的。因此,前面提到的多级金字塔点阵结构(含层合板)的效率高于基于杆件的空心金字塔点阵结构也是理所当然的。为进一步说明这一点,把基于层板的金字塔点阵结构(杆件为矩形截面,$w/l_1 = 0.15$)的相对密度与无量纲化强度的关系也添加到图 10-10(a)中。由图可以发现,当杆件断裂时,基于层板的点阵芯子要远优于基于空心或实心杆件组成的点阵结构。虽然杆件发生欧拉屈曲时前者并没有后者效率高,但这是由点阵杆件本身的形状效率决定的,即圆形截面的点阵结构要优于矩形截面的点阵结构,而与材料参数无关。因此,评价复合材料结构的效率往往要比金属结构复杂,对金属结构而言,其压缩系数就是简单的屈服应变 ε_Y;而针对复合材料结构,不仅需要考虑结构本身的效率,还要考虑复合材料的性能与可设计性。

3) 组成材料性能均一化后的比较

为了消除母体材料的影响,以对各种结构构型的效率有充分的了解,假设各种结构均由一种相同的材料组成,压缩系数与以上的层板材料相同且为 $\sigma/E \approx$ 0.0033,然后重新绘制强度-相对密度曲线,如图 10-10(b)所示。从图中可以看出,优化后的多级金字塔点阵结构在相当大的一部分密度区域内仍旧比相应的低阶金字塔点阵芯子高效。如果进一步认为剪切屈曲、面板起皱、面板压溃三者同时发生,则多级点阵结构的效率与完全优化后的空心金字塔点阵结构(由于受到空心杆件外径制备工艺上的限制,很难实现最优化)相当。

4) 高阶构型对多层级结构效率的影响

波纹板被认为是一种弯曲主导型的结构,通常比点阵这种拉伸主导型的结构效率低,如图 10-10(b)所示。为了研究宏观尺度结构构型对多层级结构效率的影响,将对弯-拉混合型多级波纹芯子进行与拉-拉混合型多层级点阵芯子类似的分析。同样,利用相同的预报模型建立其破坏机制图,如图 10-11 所示,最优设计路径与箭头所指方向一致。优化后的强度与相对密度的关系与式(10-12)中的 FW-SB 段不同,可表示为

$$\bar{\rho}=\begin{cases}\dfrac{2+16\sigma_f/E_{sh}}{1+3l_1^2/2L^2}\bar{\sigma}, & \text{FC-SB} \\[3mm] 4\dfrac{L^2}{l_1^2}\dfrac{1}{(1+\sqrt{2}l_1/L)}\left(\dfrac{3\sigma_f(1+\sqrt{2}l_1/L)}{2\pi^2 E_f(L^2/l_1^2+3/2)}\right)^{1/3}\bar{\sigma}^{1/3} \\[3mm] +\dfrac{16\sigma_f}{E_{sh}(1+3l_1^2/2L^2)}\bar{\sigma}, & \text{FW-SB}\end{cases} \quad (10\text{-}13)$$

将这一关系添加到图 10-10(b)中,即为多层级波纹板的曲线。可以发现多层级波纹板远优于普通的波纹板,然而在 FW-SB 段,即低密度区域,却不及多层级金字塔点阵芯子。因此,宏观尺度上高阶结构构型的效率会直接影响所构成的多级结构的效率。

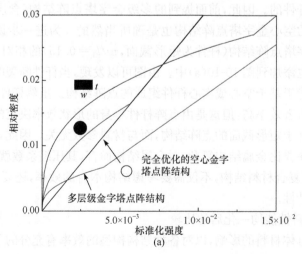

(a)

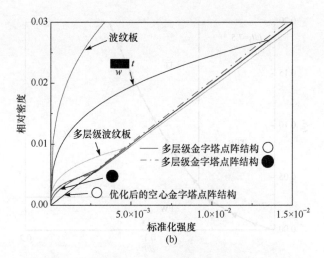

图 10-10　（a）多层级金字塔点阵结构的结构效率及与其
他低阶芯子的比较；（b）材料性能均一化后的比较

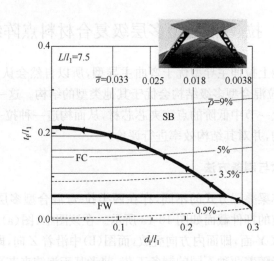

图 10-11　弯-拉混合型多级波纹板芯材在 $L/l_1 = 7.5$ 时的破坏机制图

5）低阶构型对多层级结构效率的影响

　　同样，为研究低阶构型的影响，考虑由实心（代替空心）点阵夹芯梁所构成的金字
塔点阵芯子，推导各种可能的破坏模式下相对应的预报模型，然后绘制失效机制图。
如图 10-12 所示，箭头所指即为结构的最优设计路径。推导最优化结构强度与密度
的表达式，并将此关系也添加到图 10-10（b）中。通过比较发现，由实心点阵夹芯梁
构成的多层级点阵结构的结构效率与空心点阵夹芯梁构成的多层级结构相当，这
说明细观尺度上低阶构型的形状与效率对多层级结构准备效率没有太大的影响。

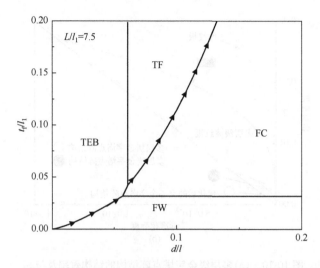

图 10-12　实心金字塔点阵夹芯梁组装成的多级金字塔点阵结构的失效机制图

10.3　拉-弯混合型多层级复合材料点阵结构

由于力学性能上拉伸主导型优于弯曲主导型,所以自然会认为在各个尺度上都占有优势的拉-拉混合型多级结构会优于其他类型的结构。这一节中,将用弯曲主导型泡沫替代上一节中低阶的点阵夹芯芯材,从而构造一种拉-弯混合型多层级复合材料点阵结构,并对其结构效率进行评价。

10.3.1　结构概念与制备方法

根据泡沫夹芯梁叠层方式的不同,存在两类拉-弯混合型多层级结构,其代表性体积单胞及相应的杆件截面如图 10-13 所示。在该图中,图(a)所表示的夹芯梁杆件沿着结构的 X-Y 面,即面内方向叠放,而图(b)中沿着 Z 向,即面外方向叠放。这两种结构构型伴随着两种不同的制备工艺,前者基于泡沫夹芯平板,而后者则基于泡沫夹芯波纹板。本章所用到的泡沫为聚甲基丙烯酰亚胺(PMI)泡沫(Rohacell 71WF-HT),密度为 $\rho_{c} = 75\text{kg/m}^3$,并且在温度达到 125℃时能够耐压0.5MPa;夹芯梁的面板材料为碳纤维预浸布(3234/G803),密度 $\rho_{f} = 1550\text{kg/m}^3$。下面分别介绍这两种结构的制备工艺。

1) 构型 I ——基于泡沫夹芯平板的制备方法

首先,通过热压机制备泡沫夹芯平板,将该平板切割成带槽口的波纹条,如图 10-14(a)所示。然后,将这些波纹条通过槽口的嵌锁及环氧胶黏剂连接在一起,从而形成三维金字塔点阵芯子,如图 10-14(b)所示。

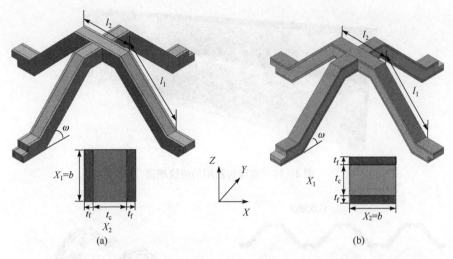

图 10-13　两种不同铺层方式形成的拉-弯混合型多级金字塔点阵结构

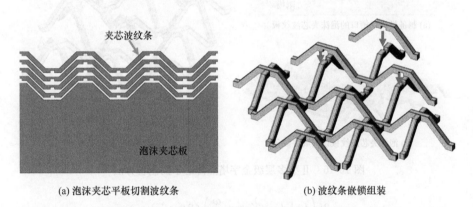

(a) 泡沫夹芯平板切割波纹条　　　　　(b) 波纹条嵌锁组装

图 10-14　Ⅰ型多层级金字塔点阵芯子的制备方法

2）构型Ⅱ——基于泡沫夹芯波纹板的制备方法

制备泡沫夹芯波纹板过程中，需要用到泡沫波纹条，利用热丝法沿着如图 10-15 所示的槽道将泡沫平板切割成波纹形。接下来，设计如图 10-16(a) 所示的刚性模具以制备带槽口的泡沫夹芯波纹板。在涂有脱模剂的钢质模具上依次对称地铺放平纹预浸布、泡沫条和预浸布，然后整体置于烤箱中加温加压。将所得的泡沫夹芯波纹板按照如图 10-16(b) 所示的方式切成等宽度的波纹条，并将这些波纹条相互嵌锁组装成Ⅱ型多级金字塔点阵芯子，如图 10-16(c) 所示。

对于这两类拉-弯混合型多级结构，其相对密度 $\bar{\rho}$ 可以统一表示为

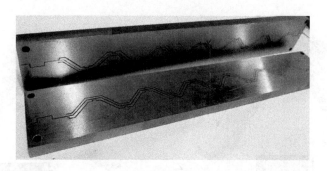

图 10-15　泡沫切割用的波纹槽道

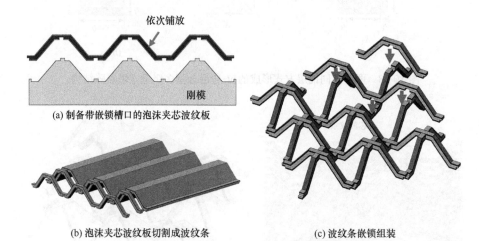

依次铺放

刚模

(a) 制备带嵌锁槽口的泡沫夹芯波纹板

(b) 泡沫夹芯波纹板切割成波纹条

(c) 波纹条嵌锁组装

图 10-16　Ⅱ型多层级金字塔点阵芯子的制备方法

$$\bar{\rho}=\frac{2b\left(l_1+l_2-X_1\tan\dfrac{\omega}{2}\right)(2t_f\rho_f+t_c\rho_c)}{\left(l_1\cos\omega+l_2-X_1\tan\dfrac{\omega}{2}\right)^2(l_1\sin\omega+X_1)} \tag{10-14}$$

式中，l_1 为泡沫夹芯杆件的长度(mm)；l_2 为泡沫夹芯杆件的水平段长度(mm)；ω 为泡沫夹芯杆件的倾斜角度(°)；t_f 为泡沫夹芯杆件中面板的厚度(mm)；ρ_f 为泡沫夹芯杆件中面板的密度(kg/m³)；t_c 为泡沫夹芯杆件中泡沫的厚度(mm)；ρ_c 为泡沫夹芯杆件中泡沫的密度(kg/m³)。

　　对于Ⅰ型拉-弯混合型多级点阵芯子，杆件的厚度为 $X_1=b$，宽度为 $X_2=2t_f+t_c$；对于Ⅱ型拉-弯混合型多级点阵芯子，杆件的厚度为 $X_1=2t_f+t_c$，宽度为 $X_2=b$。

10.3.2　面外压缩响应

将两类拉-弯混合型多层级点阵芯子与碳纤维面板用胶膜(J-272,黑龙江省石油化工研究所)黏结在一起,制成相应的夹芯结构,之后进行压缩试验。压缩试验是在最大载荷为 50kN 的 Instron 5569 试验机上,以 0.5mm/min 的速度进行的,压缩响应及结构的破坏模式如图 10-17 所示。从图 10-17 可以发现,压缩应力随着应变由零开始线性增加,直到达到最大值。接下来,Ⅰ型多层级点阵芯子中泡沫夹芯梁的面板发生了局部皱曲,并伴随着应力的陡然下降;而Ⅱ型多层级点阵芯子中观察到杆件的剪切屈曲。夹芯梁中面板的压缩模量及强度分别近似为 $E_f=16.5\mathrm{GPa}$,$\sigma_f=267\mathrm{MPa}$。

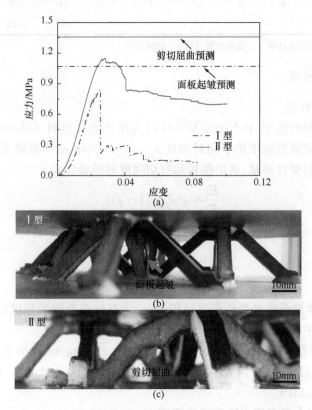

图 10-17　(a)两种类型的拉-弯混合型多级结构的压缩响应;
(b)Ⅰ型结构的破坏模式;(c)Ⅱ型结构的破坏模式

图 10-17(a)给出了针对各种可能破坏模式的拉-弯混合型多级点阵结构强度预报值(10.3.3 节)。比较发现,对于Ⅰ型多级点阵芯子,试验测得的破坏强度与理论预报值相差 22.2%,而Ⅱ型多级点阵芯子则相差 15.4%。在试样制备过程

中,切割会在夹芯梁杆件中引入表面损伤,这是降低结构力学性能的最主要原因。试件的几何尺寸及相关性能见表10-2。

表 10-2　试验中试件的几何尺寸及压缩性能汇总

试样/类型	l_1 /mm	l_2 /mm	b /mm	t_f /mm	t_c /mm	相对密度/%	失效模式预报	预报强度/MPa	实测强度/MPa/破坏模式
A/Ⅰ	16.97	11.5	3	0.3	4	1.64	FW	1.08	
							FC	1.38	0.84 /FW
							SB	1.46	
B/Ⅱ	16.97	13	3	0.6	4	2.59	FW	2.04	
							FC	2.6	1.15 / SB
							SB	1.36	

注:SB——剪切屈曲;FW——面板起皱;FC——面板压溃

10.3.3　理论分析

1) 泡沫的性能

试验中选择的泡沫(Rohacell WF-HT)为闭孔泡沫材料,Gibson 和 Ashby[17] 认为其力学性能强烈地依赖于相对密度 $\bar{\rho}_c = \rho_c / \rho_s$,其中 ρ_s 为基体聚合物的密度,并得到泡沫材料弹性模量、剪切模量和剪切强度的经验公式

$$\frac{E_c}{E_s} \approx \phi^2 \bar{\rho}_c^2 + (1-\phi)\bar{\rho}_c \tag{10-15}$$

$$G_c \approx \frac{3}{8} E_c \tag{10-16}$$

$$\frac{\tau_c}{\sigma_s} \approx 0.2\phi^{3/2}\bar{\rho}_c^{3/2} + (1-\phi)\bar{\rho}_c \tag{10-17}$$

式中,E_s 为基体聚合物的弹性模量(MPa);σ_s 为基体聚合物的强度(MPa);ϕ 为胞壁材料在单胞中所占的体积分数(%)。

本节中,假设 $E_s = 3600\text{MPa}$,$\sigma_s = 60\text{MPa}$,$\rho_s = 1250\text{kg/m}^3$,$\phi = 0.6$。对于所用到的 PMI 泡沫(Rohacell 71WF-HT),试验测得 $\rho_c = 75\text{kg/m}^3$,$E_c = 105\text{MPa}$,$G_c = 42\text{MPa}$,$\tau_c = 1.3\text{MPa}$。

2) 拉-弯混合型多级点阵芯子的刚度

多级点阵结构的等效压缩刚度仍可以通过单一杆件的变形行为来进行分析,如图10-18所示。在 Z 向施加一个位移 δ,考虑结构的压缩、弯曲及剪切,夹芯梁上沿着杆件及垂直于杆件方向的分力分别为

$$F_a' = A_{\text{sand}} \frac{\delta \sin\omega}{l_1} \tag{10-18}$$

$$F'_s = \frac{\delta\cos\omega}{\dfrac{l_1^3}{12D_{sand}} + \dfrac{l_1}{S_{sand}}}\tag{10-19}$$

式中,压缩刚度 $A_{sand} = 2E_f^{eq}bt_f$;剪切刚度 $S_{sand} = G_c bt_c$;弯曲刚度 D_{sand} 对于两种构型的多级点阵芯子略有不同。对于Ⅰ型多级点阵结构,$D_{sand}^Ⅰ = \dfrac{1}{6}E_f^{eq}t_f b^3$,而对于Ⅱ型多级点阵结构,$D_{sand}^Ⅱ = \dfrac{1}{2}E_f^{eq}bt_f t_c^2$。

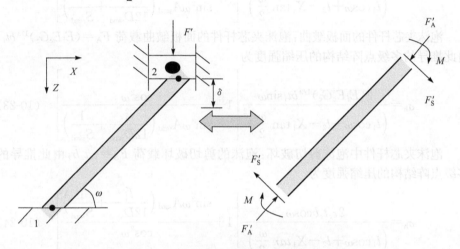

图 10-18　多级点阵结构的单一杆件受力分析

由式(10-18)和式(10-19),Z 向的合力 F' 可以表示为

$$F' = F'_A\sin\omega + F'_S\cos\omega = \delta\left(\frac{\sin^2\omega}{\dfrac{l_1}{A_{sand}}} + \frac{\cos^2\omega}{\dfrac{l_1^3}{12D_{sand}} + \dfrac{l_1}{S_{sand}}}\right)\tag{10-20}$$

这样,多级点阵结构等效的面外压缩模量可以表示为

$$E = \frac{2(l_1\sin\omega + X_1)}{\left(l_1\cos\omega + l_2 - X_1\tan\dfrac{\omega}{2}\right)^2}\left(\frac{\sin^2\omega}{\dfrac{l_1}{A_{sand}}} + \frac{\cos^2\omega}{\dfrac{l_1^3}{12D_{sand}} + \dfrac{l_1}{S_{sand}}}\right)\tag{10-21}$$

可以看出,不仅泡沫夹芯梁的轴向压缩与弯曲对多级结构的压缩刚度有贡献,其剪切变形也对多级结构的压缩刚度产生影响。与相同构型的低阶点阵芯材(杆件中不含泡沫)相比,由于泡沫本身的质量,使得拉-弯混合型多级点阵结构的比刚度较相应的低阶结构反而降低了。

3) 拉-弯混合型多级点阵芯子的破坏模式及强度预报

基于 10.2 节对拉-拉混合型多级点阵芯子的分析,这里将考虑五种相互竞争的失效模式,包括泡沫夹芯梁的面板压溃、面板皱曲、泡沫芯子剪切破坏及夹芯梁的整体欧拉屈曲或剪切屈曲。下面分别给出与之相应的多级点阵芯子面外压缩强度的理论预报模型。

泡沫夹芯杆件的面板压溃:当厚度为 t_f 的面板达到其压溃强度 σ_f 时,多级点阵结构的压缩强度可表示为

$$\sigma_h = \frac{4\sigma_f b t_f \sin\omega}{\left(l_1\cos\omega + l_2 - X_1\tan\dfrac{\omega}{2}\right)^2}\left[1 + \frac{\cos^2\omega}{\sin^2\omega A_{sand}\left(\dfrac{l_1^2}{12D_{sand}} + \dfrac{1}{S_{sand}}\right)}\right] \quad (10\text{-}22)$$

泡沫夹芯杆件的面板皱曲:泡沫夹芯杆件的面板皱曲载荷 $F_A' = (E_f E_c G_c)^{1/3} b t_f$,由此推导的多级点阵结构的压缩强度为

$$\sigma_h = \frac{2(E_f E_c G_c)^{1/3} b t_f \sin\omega}{\left(l_1\cos\omega + l_2 - X_1\tan\dfrac{\omega}{2}\right)^2}\left[1 + \frac{\cos^2\omega}{\sin^2\omega A_{sand}\left(\dfrac{l_1^2}{12D_{sand}} + \dfrac{1}{S_{sand}}\right)}\right] \quad (10\text{-}23)$$

泡沫夹芯杆件中泡沫剪切破坏:泡沫的剪切破坏载荷 $F_S' = \tau_c t_c b$,由此推导的多级点阵结构的压缩强度为

$$\sigma_h = \frac{2\tau_c t_c b\cos\omega}{\left(l_1\cos\omega + l_2 - X_1 tan\dfrac{\omega}{2}\right)^2}\left[1 + \frac{\sin^2\omega A_{sand}\left(\dfrac{l_1^2}{12D_{sand}} + \dfrac{1}{S_{sand}}\right)}{\cos^2\omega}\right] \quad (10\text{-}24)$$

泡沫夹芯杆件的整体欧拉屈曲:对于两端固支的泡沫夹芯梁,其欧拉屈曲载荷为 $F_A' = 4\pi^2 D_{sand}/l_1^2$,由此推导的多级结构的压缩强度为

$$\sigma_h = \frac{8\pi^2 D_{sand}\sin\omega}{l_1^2\left(l_1\cos\omega + l_2 - X_1\tan\dfrac{\omega}{2}\right)^2}\left[1 + \frac{\cos^2\omega}{\sin^2\omega A_{sand}\left(\dfrac{l_1^2}{12D_{sand}} + \dfrac{1}{S_{sand}}\right)}\right] \quad (10\text{-}25)$$

泡沫夹芯杆件的剪切屈曲:剪切屈曲载荷由泡沫的剪切刚度决定,可表示为 $F_A' = G_c t_c b$,此时多级点阵结构的压缩强度为

$$\sigma_h = \frac{2G_c t_c b\sin\omega}{\left(l_1\cos\omega + l_2 - X_1\tan\dfrac{\omega}{2}\right)^2}\left[1 + \frac{\cos^2\omega}{\sin^2\omega A_{sand}\left(\dfrac{l_1^2}{12D_{sand}} + \dfrac{1}{S_{sand}}\right)}\right] \quad (10\text{-}26)$$

4) 破坏机制图

根据上面推导的各种预报公式,可以给出拉-弯混合型多级点阵结构在面外压缩下的破坏机制图。Ⅰ和Ⅱ型两类多级点阵结构的破坏机制图都以 $\bar{\rho}_c(0\sim0.2)$ 和 $t_c/l_1(0\sim0.4)$ 为参数绘制,图中设定 $b/l_1 = 0.177$,$t_f/l_1 = 0.0177$(面板厚度 $t_f = 0.3\text{mm}$,杆件长度 $l_1 = 16.97\text{mm}$),倾斜角度 $\omega = 45°$,如图 10-19 所示。

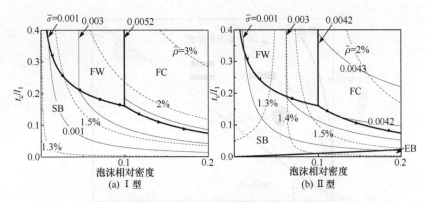

图 10-19　Ⅰ型和Ⅱ型拉-弯混合型多级金字塔点阵结构的破坏机制图

从图中可以看出,泡沫芯子的剪切失效在这两类多级点阵结构对应的失效机制图中都没有出现。对于Ⅰ型多级点阵结构,面板压溃与皱曲以及夹芯杆件的剪切屈曲这三种失效模式占据了整个机制图;而对于Ⅱ型多级点阵结构,除泡沫剪切破坏外的其他四种失效模式都可能发生。虽然夹芯杆件的整体欧拉屈曲只在 $t_c/l_1 < 0.03$ 对应的一小部分区域发生,但是如果夹芯梁中的泡沫厚度大于 2mm,即 $t_c/l_1 > 0.12$,则本节中的两类多级点阵结构的破坏机制图及图中各失效模式之间的边界完全相同。

10.3.4　优化与结构效率评价

为了评价这类拉-弯混合型多级点阵结构的结构效率,需要先对结构进行优化设计。优化过程同样基于破坏机制图,将无量纲化后的强度与相对密度的等值线添加在图中,据此判断出最优化设计的路径,如图 10-19 中箭头所示。对于一个优化后的结构,欧拉屈曲不可能出现,这是因为多级构型本身就是为了提高结构的抗屈曲特性。最优化设计中,需要选择泡沫芯子的密度及夹芯杆件的几何尺寸,从而使得最终形成的多级点阵结构在给定的密度下有最大的抗压能力,或者在给定的载荷或强度下结构的质量最轻。同样,水平夹芯杆件的长度会在压缩性能中引入衰减系数,因而在比较中进行置零处理,即 $l_2 = 0$。由式(10-14)和式(10-25)可以得到最优化的泡沫芯子密度

$$\bar{\rho}_c = \left(-0.4 + \sqrt{0.16 + \sqrt{1.44(64\sigma_f^3 E_f^{-1} E_s^{-2}/3)}}\right)/0.72 \qquad (10\text{-}27)$$

对于Ⅰ和Ⅱ型拉-弯混合型多级点阵结构,优化后无量纲强度与相对密度的关系如图 10-20(a)所示,其局部放大图如图 10-20(b)所示。从图中可以看出,Ⅰ型多级点阵结构在相对密度小于 4.5% 时要优于Ⅱ型点阵结构,如图 10-20(c)所示的最优几何参数 t_f/l_1 和 t_c/l_1,也说明具有相同的结构强度时,Ⅱ型多级点阵结构需要更多的材料。

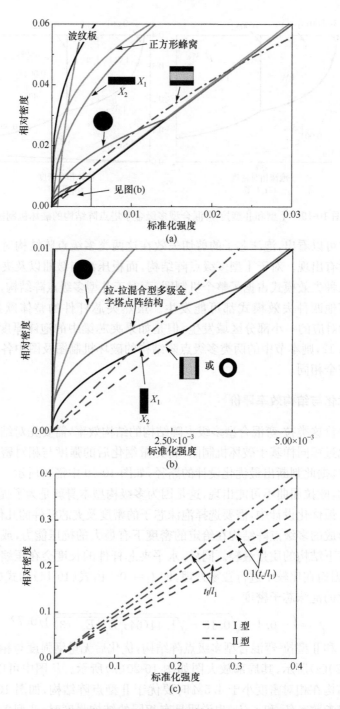

图 10-20　(a)拉-弯混合型多级点阵结构的结构效率及与其他结构的比较；
(b)图(a)的部分放大；(c)最优的结构尺寸与无量纲强度的关系

本节所研究的拉-弯混合型多级点阵结构为一种非自相似多级结构,为评价其结构效率,将其与其他类似的结构进行比较。需要注意的是,这些比较都集中在低密度区域,即需要采用多级构造来提高屈曲特性的区域。

首先,与这两类多级芯子分别相对应的全纤维复合材料点阵芯子(杆件中不含泡沫)进行比较,复合材料杆件的厚度 $t = 2t_f = 0.6$mm。这引出了复合材料点阵结构的两种铺层方式,与之前多级芯子相对应,一种为面内叠层,$X_1/X_2 = 1/5$,而另一种为面外叠层,$X_1/X_2 = 5$。在无量纲化过程中,强度都除以面板的压缩性能。同样,将无量纲化后的强度-相对密度曲线添加到图 10-20 中,可以发现 I 型复合材料点阵结构在面外压缩性能上同样远优于 II 型复合材料点阵结构。当相对密度大于 0.5% 时,复合材料点阵结构与 I 型多级点阵结构的承载效率相当,但两类多级点阵结构都优于 II 型复合材料点阵结构。

由于 I 型复合材料点阵结构具有较高的结构效率,所以制备了这种铺层方式的点阵结构,并进行了面外压缩试验。结果发现,这类点阵结构依然出现了杆件屈曲,如图 10-21 所示,且结构的强度并没有像预报得那样高。其原因可能是:①由于杆件太薄(0.6mm),很难保证波纹条在嵌锁过程中完全咬合(由于切割机器的限制,嵌锁口的宽度为 1mm);②在制备过程中波纹条不能完全垂直地立于面板上而没有丝毫倾斜。这些问题对于杆件较厚的多级点阵结构不会存在,因此从制备的角度看,拉-弯混合型多级点阵结构优于其相应的全复合材料点阵结构。

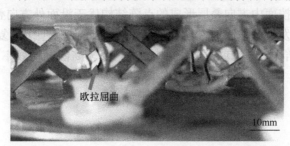

图 10-21　面外方式铺层的矩形截面实心金字塔点阵结构的压缩破坏模式

另外,拉-弯混合型多级点阵结构远优于传统的蜂窝结构及波纹板,其中 II 型多级点阵结构仅在相对密度 2.5% $< \bar{\rho} <$ 4.5% 时优于圆形截面的实心点阵结构,在 0.65% $< \bar{\rho} <$ 4.5% 时比拉-拉混合型多级点阵结构的结构效率低;而 I 型多级点阵结构与优化后的空心金字塔点阵结构及完全优化的拉-拉混合型多级点阵结构的效率相当。因此,从现有结构比较情况来看,在各个尺度上都更有优势的拉-拉混合型多级点阵结构,并不优于在细观尺度上以弯曲主导型所替代的拉-弯混合型多级点阵结构,这再次证明细观构型不会明显影响多级点阵结构的结构效率。

10.4　本章小结

本章基于多层级的结构构造思想，发展了宏-细观尺度上分别为拉-拉混合型和拉-弯混合型多层级复合材料点阵结构，并对这些多层级点阵芯子的压缩性能及承载效率进行了研究，同时讨论了不同尺度结构构型对整个多级结构的影响，结论如下。

（1）多层级复合材料点阵结构的结构效率受其复合材料组成单元（如板、杆件）性能的影响，因而比较结构构型需要消除材料性能不同的影响；完全优化后的拉-拉及拉-弯混合型多级复合材料点阵结构与优化后的空心复合材料点阵结构效率相当，并优于其他低阶的多孔芯子。

（2）为考察宏观尺度上构型的影响，按照同样的方法对弯-拉混合型多级复合材料波纹板进行了分析与优化，与拉-拉混合型多级点阵结构比较后发现，宏观尺度结构构型的效率会直接影响所形成多级结构的效率；同样，为考察细观尺度构型的影响，将拉-拉混合型多级点阵结构中的空心杆件换为实心杆件，分析比较后发现细观结构构型不会明显影响多级结构的效率，这一点通过拉-拉混合型多级点阵结构与拉-弯混合型多级点阵结构的比较也得以验证。

（3）复合材料点阵杆件的铺层方式会影响点阵结构的效率，承受面外压缩时，相同尺寸的材料按面内方向叠层形成的点阵结构优于沿面外方向叠层形成的点阵结构。本章中所发展的按面内方向叠层形成的拉-弯混合型多级复合材料点阵结构，由于较小的结构尺寸、其低成本的制备工艺及较高的结构效率，应用前景最为广阔。

第11章　复合材料增强型点阵结构的力学性能

11.1　引　　言

采用电火花和激光切割技术对碳纤维复合材料波纹板进行切割,以制备增强型点阵结构。由于波纹板台面可使金字塔点阵结构具有较大的面芯黏结面积,所以期望以此来解决金字塔点阵结构面芯黏结强度低的问题。本章将建立复合材料增强型点阵结构平压及剪切性能的理论预报模型,并通过平压及剪切试验,给出增强型点阵结构的平压模量、剪切模量、平压强度及剪切强度,揭示两种增强型点阵结构的失效机理。根据理论模型和试验结果,分析增强型点阵结构力学性能与几何参数的内在关系。最后,对增强型点阵结构的力学性能进行评价,并与其他复合材料点阵结构的剪切强度进行对比分析。

11.2　结构设计与制备

11.2.1　波纹板的制备

为了制备增强型点阵结构,首先要制备带有黏结台面的波纹板,这样波纹板在开孔之后会留下较大的黏结台面,可使所制备的增强型点阵结构具有较大的剪切强度。本章采用模具热压法制备碳纤维复合材料波纹板芯子,用于成型波纹板的凹凸型模具如图 11-1 所示。在制备过程中,将碳纤维 T700/3234 环氧树脂复合材料预浸料按照一定的铺层顺序铺设在凹凸型模具中,合模后施加 0.5MPa 压力,在 130°温度下保持 1.5h。图 11-2 为碳纤维复合材料波纹板实物图,其中波纹板芯子的壁厚为 0.9mm,芯子相对密度为 8.62%,上下面板与波纹板芯子通过胶黏结即可制成波纹板夹芯结构。在制备增强型点阵结构之前,根据开孔方法不同可以选择是否需要先将面板与波纹板芯子黏结在一起。

(a) 波纹状凹凸型模具

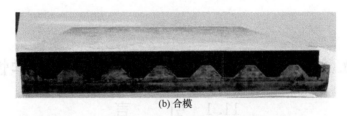

(b) 合模

图 11-1　用于成型波纹板芯子的凹凸型模具

图 11-2　碳纤维复合材料波纹板

11.2.2　电火花切割法

　　根据上述模具热压法,选用厚度为 0.15mm 的单向碳纤维预浸料（T700/环氧树脂,北京航空材料研究院）,按照 $[-35°/+35°/-35°/+35°/-35°/+35°]$ 铺层方式通过模具热压法首先制备出碳纤维复合材料波纹板。采用电火花切割法对波纹板进行开孔,碳纤维含量至少 55%,以保证电火花工艺对结构导电性的要求。经过梯形电极电火花切割之后,较大的黏结台面得到保留,斜面则成为倾斜的杆件,这样形成的斜杆增强型点阵结构具有较大的面芯黏结面积,可有效地提高面芯之间的黏结强度。

　　复合材料增强型点阵结构的切割方法有两种。第一种方法:如图 11-3(a)所示,从竖直角度对波纹板芯子进行切割,电极的端面平行于波纹板侧壁,以增加接触面积,提高切割效率。切割完毕后,将芯子与面板黏结制成斜杆增强型点阵结构。第二种方法:如图 11-3(b)所示,波纹板芯子先与上下面板黏结制成波纹板夹芯结构,电极从水平方向,即平行于面板方向,对波纹板芯子进行电火花切割。考虑到电火花仪器设备对电极尺寸的限制,采用第二种方法进行制备,铺层为 $[-45°/45°/90°/0°/0°/90°/45°/-45°]$ 的上下面板先与波纹板芯子黏结制成波纹板夹芯结构。由于环氧胶层是绝缘体材料,它阻碍了面板与芯子之间的电传导,所以在面板与芯子之间连接了铜导线,以增强其导电性。将整个波纹板夹

芯结构竖直放置在航空煤油中进行电火花放电加工,电火花放电原理如图 11-4
所示。

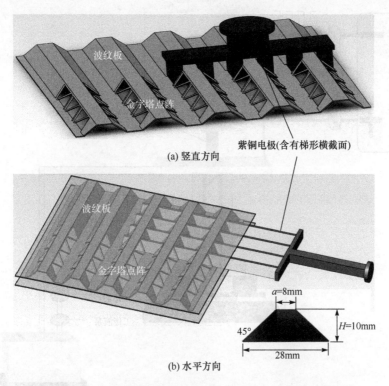

(a) 竖直方向

(b) 水平方向

图 11-3　电火花切割波纹板制备斜杆增强型点阵结构的示意图

　　电火花切割的加工参数如下:加工电流 0.5～5.0A,放电电压 10V,脉冲宽度
80～550μs,脉冲频率 120～550μs。电极平均穿透速度为 1.5mm/min,如果采用
空心电极或者多排电极,在一定程度上可以提高加工效率,但由于机床尺寸的限
制,电极必须与设备配套才可以使用。

　　图 11-5(a)为斜杆增强型复合材料点阵结构的单胞。相对于传统的金字塔点
阵结构,本章提出的点阵结构借用了波纹板结构的优势,在面芯中间具有很大的黏
结面积,可以提高夹芯结构面芯间的剪切强度。波纹板芯子的相对密度 $\bar{\rho}_{cc}$ 和斜杆
增强型点阵芯子的相对密度 $\bar{\rho}_{pc}$ 可分别表示为

$$\bar{\rho}_{cc}=\frac{2t\left(2b+h/\sin\theta-t\tan\dfrac{\theta}{2}\right)}{L(h+t)} \tag{11-1}$$

$$\bar{\rho}_{pc}=\frac{2tW\left[(h-H)/\sin\theta-t\tan\dfrac{\theta}{2}\right]+4tbW+4tdH/(\sin\theta\cos\alpha)}{WL(h+t)} \tag{11-2}$$

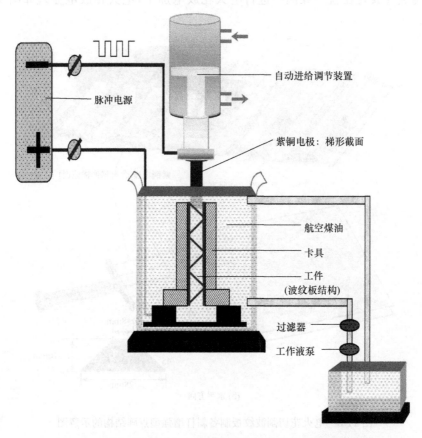

自动进给调节装置

紫铜电极：梯形截面

航空煤油

卡具

工件

（波纹板结构）

过滤器

工作液泵

脉冲电源

图 11-4　电火花切割法加工斜杆增强型点阵结构的原理示意图

式中，参数 a 和 H 如图 11-3(b)所示；参数 b、h、t、θ 和 α 如图 11-5(a)所示；d 是杆件的宽度。角度 ω 可由方程 $\sin\omega = \sin\theta\cos\alpha$ 求出，而电极侧壁角度 β 可由方程 $\tan\beta\tan\alpha = \sin\theta$ 求得，在图 11-3(b)中 ω 是 $45°$。波纹板单胞的几何尺寸可由下面两个等式给出，$L = 4b + 2h/\tan\theta - 2t\tan(\theta/2)$ 是沿着电极方向波纹板单胞的长度，而 $W = 2a + 2d/\cos\alpha + 2H\tan\alpha/\sin\theta$ 是垂直电极方向波纹板单胞的长度，斜杆增强型点阵结构实物如图 11-5(b)所示。实物图中 $t = 0.9\text{mm}$，$a = 8\text{mm}$，$b = 4.75\text{mm}$，$d = 4\text{mm}$，$h = 12\text{mm}$，$H = 10\text{mm}$，$\theta = 45°$，$\beta = 45°$，$\alpha = 35.26°$（近似取 $35°$）和 $\omega = 35.26°$，代入式(11-2)可以求得芯子相对密度为 4.95%。根据式(11-1)，相应的波纹板芯子相对密度为 8.62%。

对电火花切割的杆件边缘进行微观扫描，以便评价制备工艺对杆件性能的影响。如图 11-6 所示，电火花放电发生在顶端虚线条带内，在距切割面 $15\sim20\mu\text{m}$ 内纤维出现断裂，环氧树脂在局部高温作用下几乎消失。在距切割面 $20\sim50\mu\text{m}$

(a) 单胞图　　　　　　　　　(b) 斜杆增强型点阵结构实物图

图 11-5　斜杆增强型点阵结构的单胞及实物图($\bar{\rho}_{pc}=4.95\%$)

内，少量的环氧树脂被烧蚀掉，少量纤维直接暴露在空气中。在 $50\mu m$ 以外区域，线切割的影响程度很小，仅发现一定量的树脂颗粒，这可能来自电火花切割杆件过程中所产生的碎颗粒。根据以上扫描结果，可以认为电火花切割杆件时受影响的区域限定在距杆件边缘 $50\mu m$ 以内，这是一个非常小的尺寸。

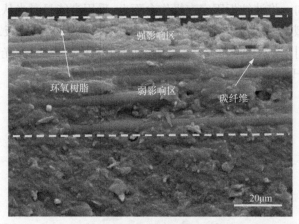

图 11-6　电火花切割对杆件边缘微观组织影响的扫描电镜图

11.2.3　激光切割法

电火花切割法可以高精度成型斜杆增强型点阵结构，但是其制备效率极低（48h/(3×3)单胞试件）。由于激光切割工艺成型效率高，且易于成型大尺寸结构件，所以在本章的试验研究中主要采用激光切割法来制备各种典型的斜杆和直杆增强型点阵结构试件。首先制备出复合材料波纹板芯子，然后通过高能量激光束在波纹板侧面开孔，得到具有不同拓扑构型的结构形式。如图 11-7 所示，波纹板的侧面可以通过激光切割出三角形、长方形、梯形和菱形的孔。

对激光切割的方法进行特殊设计，即可得到更加轻质的点阵结构。图 11-8(a)和(b)分别显示了激光切割斜杆和直杆增强型点阵结构的工艺过程。对于斜杆增

图 11-7　几种增强型复合材料点阵结构

孔形状:三角形、长方形、梯形和菱形

强型点阵结构,选取两种铺层方案。第一种铺层方案为[$-35°/+35°/-35°/$ $+35°/-35°/+35°$],保证切割后至少有一半纤维沿着杆件方向;第二种铺层方案为[$0°/90°/0°/90°/0°/90°$],使得切割后所有的纤维都不沿着杆件方向。对于直杆增强型点阵结构,波纹板芯子的铺层方案为[$0°/90°/0°/90°/0°/90°$],保证一半的纤维沿着杆件方向。将波纹板固定在操作台面上,采用高能量激光从竖直方向切割,以加工成增强型点阵结构。激光切割过程中探针无需接触波纹板芯子,高能量激光束在程序导引下自动切割波纹板。激光切割的具体参数为:激光能量 2～3J,激光频率 22～30Hz,切割速度 1～2mm/s,脉冲宽度 1.7～2.5ms。

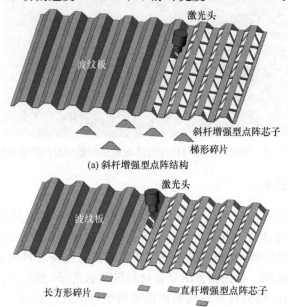

图 11-8　激光切割法制备碳纤维复合材料增强型点阵结构示意图

　　对切割后的杆件边缘进行微观电镜扫描,如图 11-9 所示。从图中可以发现,距杆件切割边缘 0.4mm 的区域受到高能量激光束的强影响。在强影响区域内,环氧树脂几乎完全消失,仅剩下纤维丝裸露在空气中。在强影响区域边界附近,发现若干树脂熔化点的凹坑。从上述微观扫描图可知,激光切割对杆件成型质量有很大影响。

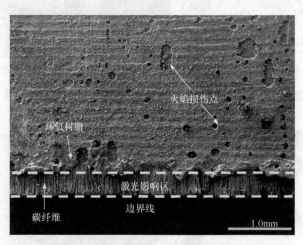

图 11-9　激光切割后的杆件边缘电镜扫描图

　　波纹板芯子经过切割之后,可与上下面板(铺层为 $[-45°/45°/90°/0°/0°/90°/45°/-45°]$)用胶液(R20)黏结制成斜杆或直杆增强型点阵结构。两种增强型点阵结构的单胞分别如图 11-10(a)和图 11-11(a)所示,其相对密度可表示为

$$\bar{\rho}=\frac{2tW[h/\sin\theta-l-t\tan(\theta/2)]+4tbW+4tdl/\cos\alpha}{WL(h+t)}\qquad(11\text{-}3)$$

式中,a、b、d、h、l、t 和 θ 如图 11-10(a)所示;L 和 W 参照式(11-2)中的定义。直杆增强型点阵结构是斜杆增强型点阵结构的特殊情况,即 $\alpha=0°$。图 11-10(b)和 11-11(b)分别为斜杆和直杆增强型点阵结构的实物图。实物图中斜杆增强型点阵结构尺寸为 $t=0.9$mm,$a=8$mm,$b=4.75$mm,$d=4$mm,$h=12$mm,$l=14$mm,$\theta=45°$ 和 $\alpha=35°$,相对密度为 4.99%。直杆增强型点阵结构相对密度为 4.77%,大部分几何尺寸与斜杆增强型点阵结构相同,不同的参数为 $a=20$mm 和 $\alpha=0°$。

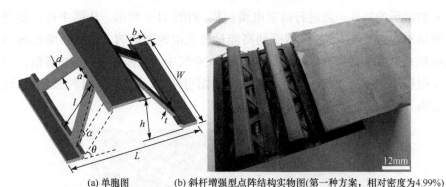

(a) 单胞图　　　　　(b) 斜杆增强型点阵结构实物图(第一种方案，相对密度为4.99%)

图 11-10　斜杆增强型点阵结构单胞及实物图(彩图见文后)

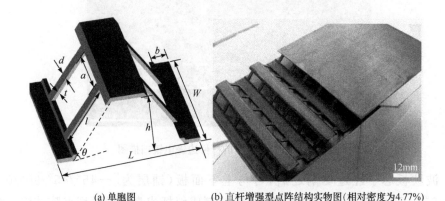

(a) 单胞图　　　　　(b) 直杆增强型点阵结构实物图(相对密度为4.77%)

图 11-11　直杆增强型点阵结构单胞及实物图(彩图见文后)

11.3　增强型点阵结构的平压及剪切理论

通过单杆的弹性变形分析,推导出增强型点阵结构平压模量、平压强度、剪切模量及剪切强度的理论公式。假设复合材料杆件欧拉屈曲和断裂是两种主要的失效模式,由图 11-10 和图 11-11 中的单胞图可以看出,直杆增强型点阵结构是斜杆增强型点阵结构的特殊情况。下面,仅以斜杆增强型点阵结构为分析对象,其几何分析模型以及单个杆件的受力分析模型如图 11-12 所示。

考虑到几何对称性,假定图 11-12(a)的单胞上端部仅沿 x、y、z 三个方向变形,在此前提下推导出点阵芯子的平压及剪切模量和强度的解析公式。以单根杆件为例进行分析,如图 11-12(b)所示,点 $A(x_0, y_0, z_0)$ 的坐标为 $x_0 = y_0 = z_0 = 0$,点 $B(x_1, y_1, z_1)$ 的坐标为 $x_1 = l\cos\theta$,$y_1 = l\sin\theta \sqrt{\csc^2\theta \sec^2\alpha - 1 - \cot^2\theta}$,$z_1 - l\sin\theta$。由此,单根杆件长度 l_{AB} 和杆件变形量 Δl_{AB} 可表示为

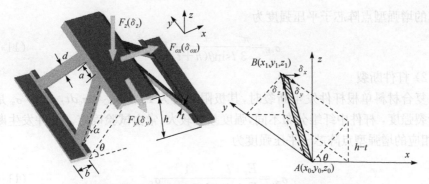

(a) 平压及剪切载荷下的单胞模型　　　　　　　(b) 单杆变形示意图

图 11-12　斜杆增强型点阵结构受力分析模型

$$l_{AB} = l\sec\alpha \tag{11-4}$$

$$\Delta l_{AB} = \delta_x \frac{x_1 - x_0}{l_{AB}} + \delta_y \frac{y_1 - y_0}{l_{AB}} + \delta_z \frac{z_1 - z_0}{l_{AB}} \tag{11-5}$$

11.3.1　斜杆增强型点阵结构的平压模量及强度

假设杆件仅沿 z 方向有一位移 δ_z，此时有 $\delta_x = 0, \delta_y = 0, \delta_z \neq 0$。单个杆件中的轴向力 F_A 和剪切力 F_S 可由材料力学理论推导出

$$F_A = \frac{E_s dt\sin\theta\cos^2\alpha}{l}\delta_z, \quad F_S = \frac{12E_s I\cos^3\alpha\sqrt{1 - \sin^2\theta\cos^2\alpha}}{l^3}\delta_z \tag{11-6}$$

式中，E_s 是复合材料杆件的压缩模量，可以通过杆件压缩试验测得；惯性矩 $I = dt^3/12$。假定杆件发生屈曲时的有效长度为 $l\sin\theta$，严格来讲，斜杆发生屈曲失稳的有效跨距与杆件铺层以及尺寸有关。根据力的平衡条件，结构 z 向支反力 F_z 可以表示为

$$F_z = 4F_A\left[\sin\theta\cos\alpha + (F_S/F_A)\sqrt{1 - \sin^2\theta\cos^2\alpha}\right] \tag{11-7}$$

增强型点阵结构 z 方向的等效应力为 $\sigma_z = F_z/A$，等效应变为 $\varepsilon_z = \delta_z/(h+t)$，单胞面积为 $A = WL$，此时斜杆增强型点阵结构的平压模量为

$$E_z = 4E_s\sin\theta\cos^2\alpha\frac{dt}{WL}\frac{h+t}{l}\left[\sin\theta\cos\alpha + \frac{t^2\cos\alpha(1 - \sin^2\theta\cos^2\alpha)}{l^2\sin\theta}\right] \tag{11-8}$$

下面给出杆件发生欧拉屈曲和断裂时复合材料点阵结构平压强度的理论公式。

1) 杆件欧拉屈曲

两端固支的杆件承受轴向载荷时，其欧拉屈曲极限载荷为

$$F_A = F_{zE} = \frac{\pi^2 E_s dt^3\cos^2\alpha}{3l^2} \tag{11-9}$$

相应的增强型点阵芯子平压强度为

$$\sigma_{zE}=\frac{\pi^2}{3}\frac{t^2}{l\sin\theta(h+t)}E_z \tag{11-10}$$

2）杆件断裂

复合材料单根杆件发生断裂时,其极限载荷为 $F_A=F_{zC}=\sigma_c dt$,其中 σ_c 是杆件断裂强度,杆件中纤维分布不同,强度差异较大,常由试验确定。杆件发生断裂时,相应的增强型点阵芯子平压强度为

$$\sigma_{zC}=\frac{E_z}{E_s}\frac{l}{h+t}\frac{1}{\sin\theta\,\cos^2\alpha}\sigma_c \tag{11-11}$$

11.3.2　斜杆增强型点阵结构的剪切模量及强度

由于斜杆增强型点阵结构沿 x 方向和 y 方向具有不同的力学性能,所以存在两个不同的剪切方向。

1）假设杆件仅沿 x 方向发生剪切变形

此时 $\delta_x\neq0,\delta_y=0,\delta_z=0$,剪切变形角度为 γ_x,合力为 F_x。由材料力学理论,可以推导出三个方向分力

$$F_A=\frac{E_s dt\cos^2\alpha\cos\theta}{l}\delta_x,\quad F_{St}=\frac{12E_s I_t\cos^3\alpha\sqrt{1-\cos^2\alpha\,\cos^2\theta}}{l^3}\delta_x,$$

$$F_{Sd}=\frac{12E_s I_d\cos^3\alpha}{l^3}\delta_x \tag{11-12}$$

式中,F_{St} 和 F_{Sd} 分别为杆件在剪切载荷作用下的两个切向力分量;$I_t=dt^3/12$ 和 $I_d=td^3/12$ 分别为两个方向的惯性矩。

若沿 x 方向发生剪切位移,假设 $\Delta\omega\approx0$,则沿 x 方向的剪切载荷为

$$F_x=4F_A\left(\cos\theta\cos\alpha+\frac{F_{St}}{F_A}\sqrt{1-\cos^2\theta\,\cos^2\alpha}+\frac{F_{Sd}}{F_A}\right) \tag{11-13}$$

此时等效剪切应力为 $\tau_x=F_x/A$,等效剪切应变为 $\gamma_x=\delta_x/(h+t)$,而斜杆增强型点阵结构的剪切模量为

$$G_x=4E_s\cos\theta\,\cos^3\alpha\frac{dt}{WL}\frac{h+t}{l}\left[\cos\theta+\frac{t^2(1-\cos^2\alpha\,\cos^2\theta)}{l^2\cos\theta}+\frac{d^2}{l^2\cos\theta}\right] \tag{11-14}$$

沿 x 方向发生剪切变形时,考虑杆件欧拉屈曲及断裂,增强型点阵结构剪切强度可由以下两种情况确定。

（1）杆件欧拉屈曲:两端固支的杆件在轴向载荷作用下的欧拉屈曲载荷为 $F_A=F_{xE}=\pi^2 E_s dt^3\cos^2\alpha/3l^2$,其中 E_s 是杆件压缩模量。相应的增强型点阵结构

杆件欧拉屈曲时的剪切强度为

$$\tau_{xE} = \frac{\pi^2}{3\cos\theta l(h+t)}\frac{t^2}{}G_x \tag{11-15}$$

（2）杆件断裂：复合材料单根杆件压缩断裂的载荷为 $F_A = F_{xC} = \sigma_c dt$，其中 σ_c 是杆件断裂强度，可以通过单根杆件的压缩试验测得。此时，相应的增强型点阵结构杆件断裂的剪切强度为

$$\tau_{xC} = \frac{G_x}{E_s}\frac{1}{\cos\theta\cos^2\alpha}\frac{l}{h+t}\sigma_c \tag{11-16}$$

2）假设杆件仅沿 y 方向剪切变形

此时 $\delta_x = 0, \delta_y \neq 0, \delta_z = 0$。参照上面的分析，可以得到增强型点阵结构沿 y 方向的剪切模量

$$G_y = \frac{4E_s\sqrt{1-\sin^2\theta\cos^2\alpha}\cos^2\theta\cos^2\alpha}{\sin\alpha}\frac{dt}{WL}\frac{h+t}{l}\left[\cos\theta + \frac{t^2(1-\cos^2\theta\cos^2\alpha)}{l^2\cos\theta} + \frac{d^2}{l^2\cos\theta}\right] \tag{11-17}$$

类似地，增强型点阵芯子杆件发生欧拉屈曲和断裂时沿 y 方向的剪切强度分别为

$$\tau_{yE} = \frac{\pi^2}{3\cos\theta l(h+t)}\frac{t^2}{}G_y \tag{11-18}$$

$$\tau_{yC} = \frac{G_y}{E_s}\frac{1}{\cos\theta\cos^2\alpha}\frac{l}{h+t}\sigma_c \tag{11-19}$$

由此可见，沿 x 向和 y 向的剪切强度是不相等的，一般有如下关系：$\tau_{yE} < \tau_{xE}$ 和 $\tau_{yC} < \tau_{xC}$，这与其他金字塔点阵结构有着明显的区别。尤其对于直杆增强型点阵结构，$\tau_{yE} = \tau_{yC} \approx 0$，$\tau_{yE} \leqslant \tau_{xE}$ 和 $\tau_{yC} \leqslant \tau_{xC}$，$y$ 方向的剪切强度非常弱，可以忽略不计，因此在以下试验中均测量 x 方向的剪切模量和强度。

11.4　增强型点阵结构的平压及剪切试验

参照 ASTM C365 和 C273 平压和剪切试验标准，采用伺服 INSTRON 5500 试验机，开展两种不同增强型点阵结构的平压和剪切试验研究。对于斜杆增强型点阵结构，还考虑了两种不同铺层方案对结构失效行为的影响。所有的试验是在准静态加载条件下进行的，室温下位移加载速度为 0.5mm/min。

11.4.1　增强型点阵结构的平压试验

1）斜杆增强型点阵结构-Ⅰ

对于第一种铺层方案 $[-35°/+35°/-35°/+35°/-35°/+35°]$ 的斜杆增强型

点阵结构,三种相对密度试件的平压应力-应变曲线如图 11-13(a)左侧所示。为了直观表示不同相对密度平压应力-应变曲线的变化规律,初始阶段局部树脂失效导致的非线性变化没有绘制在图中,三种相对密度试件的失效模式如图 11-13(b)左侧所示,包括杆件欧拉屈曲、杆件分层和杆件断裂,未出现面芯之间的脱胶破坏。对于杆件欧拉屈曲失效模式,当应力值达到 0.32 MPa 时,杆件突然发生大幅度弯曲变形,如图 11-13(b)左侧第一幅图所示。由式(11-8)和式(11-10)可得,斜杆增强型点阵结构的理论平压模量和强度分别为 41.72MPa 和 0.40MPa。当相对密度为 4.99% 和 7.91% 时,杆件断裂和分层是结构的主导失效模式,如图 11-13(b)左侧第二和第三幅图所示。平压模量和强度的理论值及试验值列于表 11-1 中,从表中可以看到,试验值小于理论值,其主要原因在于:①波纹板成型过程中存在原始孔洞缺陷;②激光切割对杆件质量造成一定的影响。

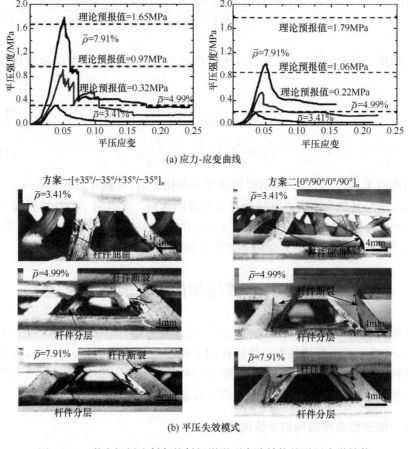

(a) 应力-应变曲线

(b) 平压失效模式

图 11-13　激光切割法制备的斜杆增强型点阵结构的平压力学性能
方案一保证有一半的纤维沿着杆件排列;方案二使得纤维没有沿着杆件排列

2) 斜杆增强型点阵结构-Ⅱ

对于第二种铺层方案[0°/90°/0°/90°/0°/90°]的斜杆增强型点阵结构,三种相对密度试件的平压应力-应变曲线如图 11-13(a)右侧所示。由图可见,平压应力-应变曲线的初始阶段为线弹性变形,而应力峰值后杆件屈曲、断裂或者分层导致结构的承载能力急剧下降。类似于第一种铺层设计方案,杆件的欧拉屈曲、分层和断裂成为三种相对密度试件的典型失效模式,面芯之间未出现脱层破坏。由于复合材料杆件中纤维没有沿着杆件的受载方向,所以杆件发生了断裂破坏。从表 11-1可以看出,平压强度的理论值远大于试验值,其原因在于所有的纤维均未沿杆件方向,不连续的纤维不能有效承受载荷,以至于出现竖直裂纹,导致结构在较低载荷下发生失效破坏。由此可见,第一种铺层设计方案要优于第二种铺层设计方案,因为第一种铺层方案保证有一半的纤维沿着杆件方向,而第二种铺层方案中没有纤维沿着杆件方向。试验结果表明,杆件中纤维排布对斜杆增强型点阵结构的失效模式有着决定性的影响。

3) 直杆增强型点阵结构的平压试验

对于直杆增强型点阵结构,由于杆件与面板之间夹角大于斜杆增强型点阵结构中杆件与面板之间夹角,所以它应该具有比斜杆增强型点阵结构更大的平压强度。图 11-14 给出了三种相对密度直杆增强型点阵结构的平压应力-应变曲线及失效模式图。从图 11-14(b)可以看出,直杆增强型点阵结构杆件出现欧拉屈曲、分层和断裂三种破坏模式。当平压应力在 0.5MPa 左右时,相对密度为 3.26%的直柱增强型点阵杆件发生欧拉屈曲。杆件发生欧拉屈曲和断裂的平压强度及模量可由式(11-8)、式(11-10)和式(11-11)计算得出。当相对密度 $\bar{\rho} \geqslant 4.77\%$ 时,杆件出现断裂和分层失效模式。由于制备工艺缺陷及理论模型的局限性,导致平压模量及强度的试验值小于理论预报值,见表 11-1,其中 E 表示杆件欧拉屈曲,C 表示杆件压溃(分层及断裂)。

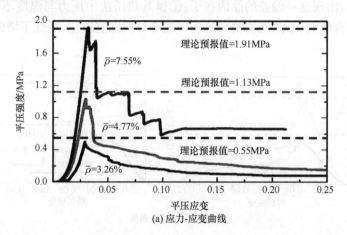

(a) 应力-应变曲线

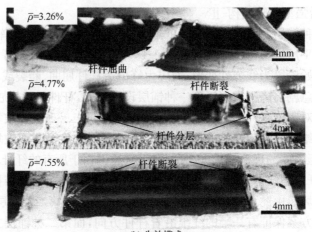

(b) 失效模式

图 11-14　直杆增强型点阵结构的平压力学性能

11.4.2　增强型点阵结构的剪切试验

图 11-15 给出了沿 x 方向剪切时斜杆和直杆增强型点阵结构的应力-应变曲线及失效模式，图中虚线表示剪切强度的理论预报值。由剪切应力-应变曲线可见，初始阶段均为线弹性，达到峰值强度后，伴随着一系列渐进失效，应力随着应变的增加而不断降低。增强型点阵结构平压和剪切性能的理论值和试验值汇总在表 11-1 和表 11-2 中。

1）斜杆增强型点阵结构剪切性能的试验研究

如图 11-15(a)和(b)左图所示，对于相对密度为 4.99% 和 7.91% 的斜杆增强型点阵结构，其剪切强度分别为 0.91MPa 和 1.83MPa，而杆件分层破坏是其主导失效模式。从表 11-2 可以看出，斜杆增强型点阵结构剪切模量和强度的理论值大于试验值，出现这一偏差的原因在于：①模具热压法中压力与温度不均衡，对杆件成型质量有影响；②激光切割导致杆件边缘材料性能退化，降低了增强型点阵结构的强度。

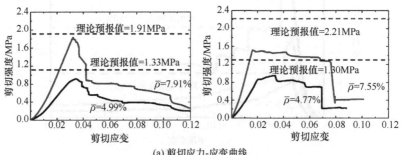

(a) 剪切应力-应变曲线

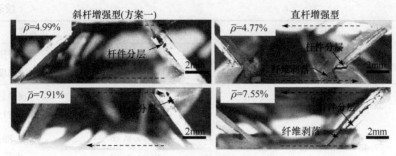

(b) 剪切失效模式

图 11-15 斜杆和直杆增强型点阵结构的剪切力学性能

2) 直杆增强型点阵结构的剪切试验

从理论上来讲,直杆增强型点阵结构的剪切强度要大于斜杆增强型点阵结构的剪切强度。如图 11-15(a)右图所示,当直杆增强型点阵结构相对密度分别为 4.77％和 7.55％时,点阵结构的剪切强度分别为 0.95MPa 和 1.52MPa。与斜杆增强型点阵结构不同,直杆增强型点阵结构达到极限载荷后,其载荷并没有明显降低,而是出现一个较长的平台。如图 11-15(b)右图所示,点阵结构失效模式为裂纹从杆件某一层开始扩展,逐渐导致杆件分层。有趣的是,很多纤维从波纹板黏结台的背面剥落,这些纤维是与杆件中的纤维连在一起的。从表 11-1 和表 11-2 可以发现,理论预报值远大于试验值,表中给出了试验值的标准方差,剪切模量的试验值偏差范围位于平均值的 10％以内,而剪切强度的试验值偏差范围位于平均值的 15％以内。通过试验发现,直杆增强型点阵结构的剪切强度并不大于斜杆增强型点阵结构,主要原因是纤维拔出降低了杆件性能,进而降低了结构整体剪切性能。

表 11-1 结构尺寸及平压性能的理论值与试验值

| 试样 | 平压性能 | | | | 理论值 | | 试验值 | |
	ρ /(kg/m³)	a /mm	t /mm	α /(°)	失效模式	平压模量 /强度/MPa	失效模式	平压模量 /强度/MPa
斜杆 (方案一)	52.86	8	0.6	35	E	33.38/0.32	E	26.34±2.03/ 0.32±0.03
					C	33.38/0.32		
	77.35	8	0.9	35	E	51.71/1.08	C	32.68±2.99/ 0.91±0.04
					C	51.71/0.97		
	122.61	8	1.5	35	E	92.16/6.38	C	63.68±3.18/ 1.78±0.09
					C	92.16/1.65		

续表

试样	ρ /(kg/m³)	a /mm	t /mm	α /(°)	失效模式	平压模量/强度/MPa	失效模式	平压模量/强度/MPa
斜杆（方案二）	52.86	8	0.6	35	E	23.94/0.23	E	16.94±1.21/
					C	23.94/0.65		0.21±0.04
	77.35	8	0.9	35	E	37.09/0.78	C	23.89±2.31/
					C	37.09/1.06		0.54±0.08
	122.61	8	1.5	35	E	66.10/3.66	C	40.29±3.87/
					C	66.10/1.79		1.01±0.05
直杆	50.53	20	0.6	0	E	58.21/0.55	E	46.76±3.13/
					C	58.21/0.74		0.50±0.03
	73.94	20	0.9	0	E	90.13/1.88	C	67.88±2.36/
					C	90.13/1.13		1.03±0.04
	117.03	20	1.5	0	E	160.23/8.87	C	117.23±9.59/
					C	160.23/1.91		1.92±0.09

表 11-2 结构尺寸及剪切性能的理论值与试验值

试样	ρ /(kg/m³)	a /mm	t /mm	α /(°)	失效模式	剪切模量/强度/MPa	失效模式	剪切模量/强度/MPa
斜杆（方案一）	77.35	8	0.9	35	E	60.11/1.26	C	34.90±3.44/
					C	60.11/1.13		0.91±0.06
	122.61	8	1.5	35	E	106.98/5.93	C	60.24±4.54/
					C	106.98/1.91		1.83±0.08
直杆	73.94	20	0.9	0	E	104.67/2.18	C	70.15±5.73/
					C	104.67/1.30		0.95±0.09
	117.03	20	1.5	0	E	185.57/10.28	C	105.47±7.93/
					C	185.57/2.21		1.52±0.12

注：E_s 和 σ_s 分别是杆件的弹性模量和层间剥离强度。对于第一种铺层方式，由层合板 $[0°/90°/0°/90°/0°/90°]_4$ 的压缩试验可知，杆件模量为 $E_s=34.3$GPa，强度为 $\sigma_s=278.8$MPa。对于第二种铺层方式，由层合板 $[45°/-45°/45°/-45°/45°/-45°]_4$ 的压缩试验可知，杆件模量为 $E_s=24.6$GPa，强度为 $\sigma_s=303.5$MPa

11.5　几何参数对增强型点阵结构力学性能的影响

根据式(11-8)、式(11-10)、式(11-11)、式(11-14)～式(11-16),绘制了增强型点阵结构的平压比模量、平压比强度、剪切比模量和剪切比强度与激光切割角之间的关系图。由于激光切割工艺可以控制切割面积和切割角,所以研究切割角对结构性能的影响十分必要。如图 11-16 所示,实线为增强型点阵结构的理论值,其中 a 和 t 是可变的,其他几何参数的值为:$b=4.75\text{mm}$,$d_e=3.2\text{mm}$,$h=12\text{mm}$,$l=14\text{mm}$,$\theta=45°$。

随着切割角的增加,结构拓扑构型逐渐从直杆增强型点阵向斜杆增强型点阵过渡。由图 11-16 可见,增强型点阵结构的比模量和比强度随切割角的增加均降低,且变化趋势基本相似。如果没有纤维剥离模式出现,试验结果与理论结果大致吻合。

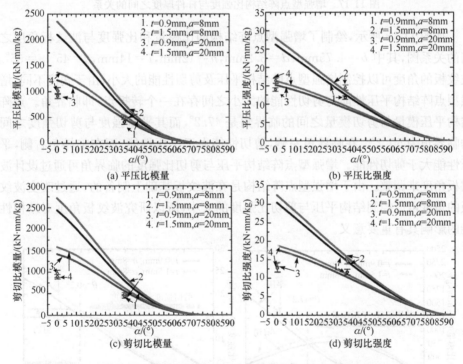

图 11-16　增强型点阵结构力学性能与夹角 α 之间关系

如图 11-17 所示,绘制了增强型点阵结构的平压比强度和剪切比强度与杆件厚度之间的关系图。图中考虑了激光切割对杆件宽度的影响,假设杆件仅发生屈曲或者断裂失效,其中 $b=4.75\text{mm}$,$d=3.2\text{mm}$,$h=12\text{mm}$,$l=14\text{mm}$,$\theta=45°$,而 α

和 a 不是常数。随着杆件厚度的增加,杆件失效模式逐渐从屈曲失效过渡至杆件分层或者杆件断裂,平压比强度和剪切比强度的理论值均升高。杆件中纤维剥离模式降低了直杆增强型点阵结构的剪切比强度,其他试验结果与理论结果大致吻合。

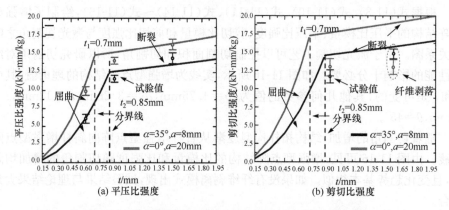

图 11-17　增强型点阵结构比强度与杆件厚度之间的关系

　　如图 11-18 所示,绘制了增强型点阵结构的比模量和比强度与波纹板角度之间的关系图,其中 $b=4.75$mm, $d=3.2$mm, $h=12$mm, $l=14$mm, $\theta=45°$, $\alpha=35°$。波纹板的角度可以控制增强型点阵结构平压及剪切性能的大小,由于角度不同,增强型点阵结构平压性能与剪切性能的大小之间存在一个转折点,即临界角。点阵结构平压模量与剪切模量之间的临界角是 47.2°,而其平压强度与剪切强度之间的临界角为 50.2°。在临界角左侧,剪切性能大于平压性能;而在临界角右侧,平压性能大于剪切性能。增强型点阵结构平压与剪切比强度的临界角可通过设计波纹板角度来调整。由于增强型点阵结构是在波纹板基础上制备的,通过改变波纹板的角度可以控制结构平压与剪切比强度的大小,所以研究波纹板角度对结构性能的影响具有重要意义。

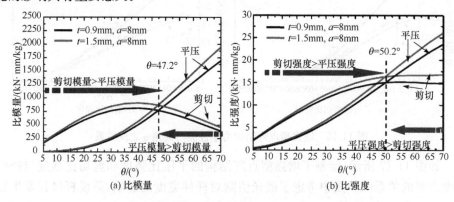

图 11-18　增强型点阵结构力学性能与夹角 θ 之间的关系

　　为了客观评价碳纤维增强型点阵结构的平压及剪切性能,将其性能参数补充到修正的 Ashby 材料强度-密度图中,如图 11-19 所示。对于图中"增强型点阵"所指区域,由于面芯间黏结面积所占比例较大,所以增强型点阵结构相对密度较大,使得平压比强度与剪切比强度未能填补材料-强度图的空白。但是斜杆增强型点阵结构能够大幅提高金字塔点阵结构面芯脱胶的强度,当点阵结构相对密度较大时,具有明显的剪切性能优势。考虑到面芯黏结面积的可设计性,本章提出的增强型点阵结构可以很好解决目前点阵结构剪切性能偏低的问题。

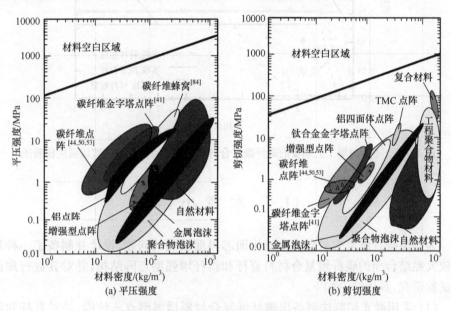

图 11-19　修正的 Ashby 材料强度-密度图

11.6　复合材料点阵结构剪切强度的比较

　　将本章的斜杆增强型点阵结构与采用其他成型工艺制备的金字塔点阵结构比较可以发现,已有的金字塔点阵结构在剪切载荷下容易出现面芯界面破坏,而本章的斜杆增强型点阵结构具有较大的面芯黏结面积,在一定程度上可提高面芯界面的黏结强度。芯子的相对密度越大,剪切性能的优势体现越明显。如图 11-20 所示,实线表示理论预报值,而离散点表示试验值。在相对密度较低时,由于杆件发生屈曲,点阵结构的优势没有充分体现;当相对密度 $\bar{\rho} \geqslant 4.5\%$ 时,斜杆增强型点阵结构的剪切强度得到显著提高。

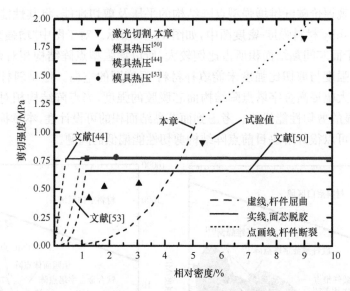

图 11-20　不同成型工艺制备的碳纤维复合材料金字塔点阵结构的剪切强度比较图

11.7　本章小结

为解决碳纤维复合材料点阵结构面芯界面较弱的问题,设计并制备了一种具有较大黏结台面的碳纤维复合材料直杆和斜杆增强型点阵结构,并对其进行理论和试验研究,具体结论如下。

（1）采用激光切割法制备出碳纤维复合材料增强型点阵结构,并对直杆和斜杆增强型点阵结构开展了平压及剪切试验。结果表明,本章所提出的增强型点阵结构具有很高的面芯黏结强度,没有出现面芯脱胶破坏。

（2）给出了复合材料直杆和斜杆增强型点阵结构平压模量、剪切模量、平压强度与剪切强度的理论预报公式,考虑了杆件屈曲和杆件断裂两种典型失效模式。通过与试验结果比较发现,本章所给出的理论公式可以很好地预报增强型点阵结构的力学性能。

（3）通过对不同相对密度的点阵结构进行平压与剪切试验,观察到杆件屈曲、杆件断裂和杆件分层三种失效模式。平压载荷作用下,直杆增强型点阵结构要优于斜杆增强型点阵结构,且相同拓扑构型斜杆增强型点阵结构的失效模式还与杆件中纤维方向有关。剪切载荷作用下,杆件分层是主要的失效模式,未发现面芯脱胶失效模式。然而,当芯子相对密度较高时,由于直杆增强型点阵结构杆件中纤维与黏结背面的纤维相连,易导致这部分纤维剥落,使结构整体剪切强度低于斜杆增强型点阵结构。

（4）根据平压和剪切性能的理论公式，绘制了增强型点阵结构的平压比模量、平压比强度、剪切比模量和剪切比强度与激光切割角之间的关系图，平压比强度和剪切比强度与芯子杆件厚度之间的关系图，以及比模量和比强度与波纹板角度之间关系图，并确定了增强型点阵结构平压与剪切性能临界角。

（5）黏结面积所占比例较大，导致增强型点阵结构的相对密度偏大，使得其平压强度与剪切强度未能填补 Ashby 材料强度-密度图的空白，但是增强型点阵结构面芯黏结面积具有可设计性，增加增强型点阵结构的台面面积，可以大幅提高面芯脱胶强度。

第 12 章 复合材料点阵曲面壳
及圆柱壳的力学性能

12.1 引　言

本章将金字塔点阵结构的概念拓展到曲面壳和圆柱壳,采用线切割-嵌锁组装工艺制备 7075 铝合金点阵芯子,采用 T700/环氧树脂预浸料制备复合材料面板,然后用高剪切强度的 J242-A 胶膜黏结制成轻质金字塔点阵曲面壳和圆柱壳。为了系统地研究这种曲面壳和圆柱壳的力学行为,考虑不同厚度面板制成的壳体结构,推导金字塔点阵曲面壳在弯曲载荷下中心点的挠度及极限载荷的理论公式,并绘制不同面板铺层点阵曲面壳的弯曲失效机制图。考虑到理论公式的局限性,建立不同面板厚度的曲面壳有限元模型。推导圆柱壳在轴压载荷下发生整体屈曲、格间局部屈曲和面板压溃极限载荷的理论公式,并绘制不同面板铺层点阵圆柱壳的轴压失效机制图。最后,通过典型试验验证了理论公式的有效性,揭示了金字塔点阵曲面壳及圆柱壳的失效机理。

12.2　复合材料金字塔点阵曲面壳的弯曲行为

为了研究金字塔点阵曲面壳的弯曲行为,首先要制备出这种新型的壳体结构。虽然采用模具热压工艺可以成型点阵壳体结构,但是成本比较高。考虑到点阵结构制备工艺的低成本因素,必须发明一种更加巧妙的成型工艺。

12.2.1　嵌片和嵌锁组装

在嵌锁组装工艺中,嵌片是十分重要的组成构件,改变嵌片的结构形式即可成型不同构型的轻质结构。在第 2 章中,设计了两种特殊的嵌片来嵌锁成型碳纤维复合材料金字塔点阵结构,但采用水切割加工碳纤维层合板嵌片会使成本急剧上升,而且嵌槽精度不易控制。最终选择高强度 7075-0 型铝合金薄板,其性能参数见表 12-1。通过对铝合金薄板线切割批量加工两种嵌片,然后进行嵌锁组装。

表 12-1　7075 铝合金力学性能

材料	弹性模量/GPa	塑性屈服应力/MPa	密度/(g/cm³)	泊松比
7075 铝合金	70	145	2.7	0.3

12.2.2 曲面壳的设计与制备

为了制备金字塔点阵曲面壳,需要制备出金字塔点阵曲面壳芯子和面板。芯子的制备是曲面壳成型的关键,按照 12.2.1 节中所阐述的金字塔点阵芯子嵌锁组装的方式,将上嵌片设计为弧线嵌片,下嵌片为直线嵌片,两种嵌片进行组装即可形成金字塔点阵曲面壳芯子,如图 12-1 所示。芯子是由环筋和纵筋嵌锁而成的,其中环筋和纵筋的构型如图 12-1(a)和(b)所示。通过线切割高强度 7075 铝合金薄板,批量成型环筋和纵筋,单层铝合金薄板的厚度为 0.2mm,线切割时可以高精度一次切割 25 层铝合金薄板,大大提高了制备的效率。环筋和纵筋线切割完成后,为保证铝芯子和碳纤维复合材料面板之间具有良好的界面黏结性能,参照 QJ 2908—97 中国航天工业行业标准对环筋和纵筋进行去油和磷酸阳极化处理,然后嵌锁组装成金字塔点阵曲面壳芯子,其嵌锁过程局部的细节如图 12-1(c)所示。

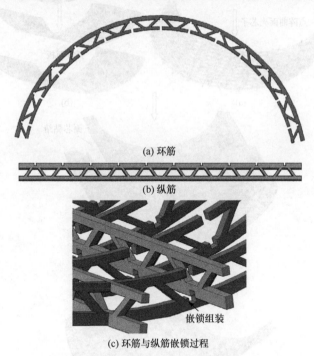

(a) 环筋

(b) 纵筋

嵌锁组装

(c) 环筋与纵筋嵌锁过程

图 12-1 金字塔点阵曲面壳芯子嵌锁组装图

将去油及磷酸阳极化处理后的铝合金环筋和纵筋切割成所需尺寸,采用图 12-1(c)所示的嵌锁方法进行组装,组成一定尺寸的点阵曲面壳芯子,如图 12-2(a)所示。采用模具热压法成型碳纤维曲面面板,曲面面板模具由三部分组成(曲面模具为半圆形),均采用高温合金材质,中间曲面模具层的高度为 10mm,这与点阵曲面壳芯子的高度和弧度是一致的,以保证上下曲面面板能与点阵曲面壳芯子高质量黏结成型。在曲面模具中铺设一定层数的碳纤维预浸料,合模之后放入热压机中,在 0.5MPa 和 130℃下保持 1.5h,脱模即可制成曲面面板,如图 12-2(b)所示。将曲面壳芯子放置在两块曲面面板中,用曲面模具保持结构的曲面形状(去掉中间的曲面模具层),并用胶膜黏结成型。在上下面板施加 0.5MPa 固化压力,在125℃条件下保温 1h,如图 12-2(c)所示。脱模后即可制成复合材料金字塔点阵曲面壳,如图 12-2(d)所示。

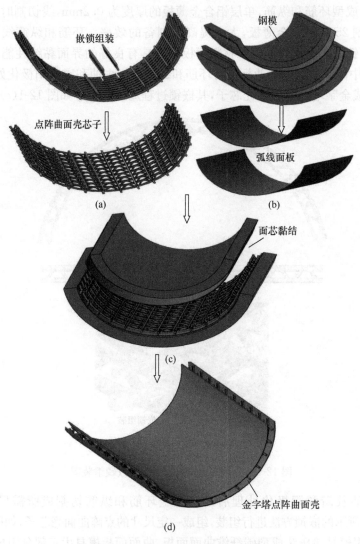

嵌锁组装

钢模

点阵曲面壳芯子

弧线面板

(a)

(b)

面芯黏结

(c)

金字塔点阵曲面壳

(d)

图 12-2　金字塔点阵曲面壳的制备工艺图

　　图 12-3 为金字塔点阵曲面壳和圆柱壳单胞,其中 h_c 为芯子高度,t_1 和 t_2 分别为外壁和内壁面板厚度,R 为内壁半径,d 为环纵筋厚度,而 l_r 和 l_t 分别为单胞环向与纵向宽度。值得注意的是,金字塔点阵曲面壳和圆柱壳单胞的环向宽度与纵向宽度并不相等,单胞中环向宽度由环筋控制,而纵向宽度则由纵筋控制。

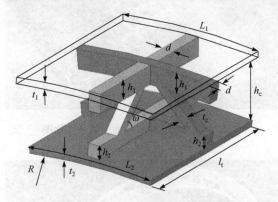

图 12-3　金字塔点阵壳体结构的单胞图

　　金字塔点阵曲面壳芯子的相对密度为

$$\bar{\rho}=\frac{l_1dh_1+l_tdh_1+l_tdh_2+l_2dh_2+4\dfrac{h_c-h_1-h_2}{\sin\omega}dt_c-d^2h_1-d^2h_2}{\dfrac{\pi}{n}l_th_c(2R+2t_2+h_c)} \tag{12-1}$$

　　为了评价金字塔点阵曲面壳轻量化设计方案,给出环筋和纵筋数目相同的格栅曲面壳芯子的相对密度

$$\bar{\rho}_0=\frac{\pi dh_c(2R+h_c+2t_f)+ndl_th_c}{\pi l_th_c(2R+2t_f+h_c)} \tag{12-2}$$

　　由式(12-1)和式(12-2),可得到金字塔点阵曲面壳芯子和格栅曲面壳芯子的相对密度。本章仅关注芯子的相对密度,它是在面板厚度为 0 的条件下计算得到的。假设纵环加筋数量相等,通过计算可以发现金字塔点阵曲面壳芯子比格栅曲面壳芯子减重 40% 以上。从设计角度来看,比值 $\bar{\rho}/\bar{\rho}_0\leqslant1$,由此可见,本章所提出的金字塔点阵曲面壳在轻量化设计方面具有明显的优势。

　　图 12-4 为金字塔点阵曲面壳芯子的实物图,其中内外壁碳纤维复合材料曲面面板为八层,铺层顺序为 $[0°/90°/90°/0°/0°/90°/90°/0°]$,厚度均为 1mm;金字塔点阵芯子为 7075 高强铝合金,具体尺寸为 $d=2$mm,$h_1=3$mm,$h_2=2$mm,$h_c=$ 10mm,$R=100$mm,$t_c=1.5$mm,$l_t=24$mm,$\omega=45°$;芯子相对密度为 9.98%。图 12-5 为胶膜黏结和端部树脂加强后的金字塔点阵曲面壳试件,试件宽度为 70mm。

图 12-4　金字塔点阵曲面壳芯子实物图

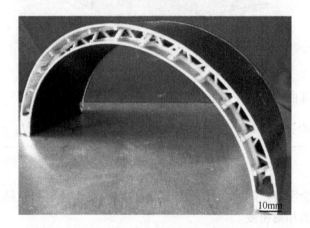

图 12-5　金字塔点阵曲面壳试件(彩图见文后)

12.2.3　弯曲性能的理论研究

为了推导弯曲载荷作用下点阵曲面壳中心点的挠度和临界载荷,假设:①弯曲载荷作用下点阵曲面壳发生小变形;②点阵曲面壳两端近似为铰支座,即限制水平和铅直方向的自由度,未限制端部转动自由度。图 12-6 为点阵曲面壳的受载示意图,两端采用树脂加强,使得整个曲面壳近似为半圆,其中 h 为曲面壳高度(未计算端部环氧树脂的高度),而 L 为曲面壳跨距。为了简化分析过程,将点阵曲面壳芯子等效成均质材料,忽略曲面壳在宽度方向的不对称性,此时金字塔点阵曲面壳可作为平面曲线梁近似计算。夹芯梁中面板承受弯矩和面内压缩载荷,而芯子主要承受剪切载荷。

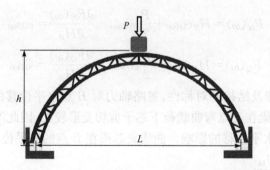

图 12-6 金字塔点阵曲面壳承受弯曲载荷示意图

1. 中心点挠度

图 12-7(a)为金字塔点阵曲面壳的分析模型,其中曲面壳两端铰支,可以沿着内侧边界进行转动。结构为一次超静定结构,约束反力共有四个,三个平衡方程不能完全求解所有的未知参数,由力的平衡条件可得如下关系式

$$R_A = R_B = \frac{P}{2}, \quad H_A = H_B \tag{12-3}$$

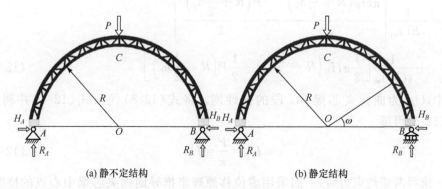

(a) 静不定结构　　　　　　　　　(b) 静定结构

图 12-7 金字塔点阵曲面壳在三点弯曲载荷下受力图

如果将 B 支座的水平反力 H_B 当做多余约束力,则可得到图 12-7(b)所示的静定基。因为支座 B 原为固定铰支座,所以与约束反力 H_B 对应的水平位移 δ_B 应为零。这样,曲面壳 B 点的变形协调条件为

$$\delta_B = 0 \tag{12-4}$$

由图 12-7(b)和式(12-4),可求得点阵曲面壳 BC 段的弯矩、反力及其对 H_B 的偏导数

$$M(\omega) = H_B\left(R + \frac{1}{2}h_c\right)\sin\omega - \frac{PR}{2}(1-\cos\omega), \quad \frac{\partial M(\omega)}{\partial H_B} = \left(R + \frac{1}{2}h_c\right)\sin\omega$$

$$\tag{12-5}$$

$$F_N(\omega) = H_B\cos\omega + \frac{P}{2}\sin\omega, \quad \frac{\partial F_N(\omega)}{\partial H_B} = \cos\omega \tag{12-6}$$

$$F_Q(\omega) = H_B\sin\omega - \frac{P}{2}\cos\omega, \quad \frac{\partial F_Q(\omega)}{\partial H_B} = \sin\omega \tag{12-7}$$

根据卡氏定理及结构的对称性,忽略轴力对 B 点水平位移的影响。但由第 4 章可知,点阵夹芯梁在三点弯曲载荷下芯子剪切变形较大,因此不能忽略曲线夹芯梁中剪力对 B 点水平位移的影响。曲线夹芯梁在 B 点的水平位移为

$$\begin{aligned}
\delta_B &= \frac{\partial U}{\partial H_B} = 2\frac{\partial U_{BC}}{\partial H_B} \\
&= 2\left[\int_0^{\frac{\pi}{2}} \frac{M(\omega)}{(EI)_{eq}}\frac{\partial M(\omega)}{\partial H_B}\left(R + \frac{1}{2}h_c\right)d\omega + \int_0^{\frac{\pi}{2}} \frac{F_Q(\omega)}{(GA)_{eq}}\frac{\partial F_Q(\omega)}{\partial H_B}\left(R + \frac{1}{2}h_c\right)d\omega\right] \\
&= \frac{2}{(EI)_{eq}}\int_0^{\frac{\pi}{2}}\left[H_B\left(R + \frac{1}{2}h_c\right)\sin\omega - \frac{PR}{2}(1 - \cos\omega)\right]\left(R + \frac{1}{2}h_c\right)\sin\omega\left(R + \frac{1}{2}h_c\right)d\omega \\
&\quad + \frac{2}{(GA)_{eq}}\int_0^{\frac{\pi}{2}}\left(H_B\sin\omega - \frac{P}{2}\cos\omega\right)\sin\omega\left(R + \frac{1}{2}h_c\right)d\omega \\
&= \frac{1}{(EI)_{eq}}\left[\frac{\pi H_B\left(R + \frac{1}{2}h_c\right)^3}{2} - \frac{P\left(R + \frac{1}{2}h_c\right)^3}{2}\right] \\
&\quad + \frac{1}{(GA)_{eq}}\left[\frac{1}{2}\pi H_B\left(R + \frac{1}{2}h_c\right) - \frac{1}{2}P\left(R + \frac{1}{2}h_c\right)\right]
\end{aligned} \tag{12-8}$$

式中,U_{BC} 为曲线夹芯梁 BC 段的弹性能。将式(12-8)代入式(12-4)并利用式(12-3)可得

$$H_B = \frac{P}{\pi} = H_A \tag{12-9}$$

求得两端约束力后,下面采用虚位移原理来推导曲面夹芯梁中心点的挠度。由于曲面梁的受载方式和边界条件均对称,所以可取一半金字塔点阵曲面梁进行分析。如图 12-8(a)所示,在中心点 C 有三个载荷分量,通过平衡方程可以求得

$$F = \frac{P}{2} \tag{12-10}$$

$$H_C = H_A = \frac{P}{\pi} \tag{12-11}$$

$$M_C = P\left(R + \frac{1}{2}h\right)\left(\frac{1}{2}\sin\alpha - \frac{1}{\pi} + \frac{1}{\pi}\cos\alpha\right) \tag{12-12}$$

式中,$\alpha = 90°$。

如图 12-8(b)所示,选取任意 D 点处的截面,在截面上有三个载荷分量,即剪

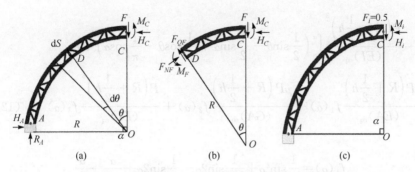

图 12-8　弯曲载荷下金字塔点阵曲面梁的力分解图

力、压力和弯矩。假设点阵芯子部分均匀承受剪力,面板承受压力,上下面板共同承受弯矩,下面采用虚位移原理求解 C 点的挠度。取圆心 O 为原点,如图 12-8(b)所示,那么曲线夹芯梁在 D 点截面上的弯矩和内力可表示为

$$\begin{cases} M_F = P\left(R + \dfrac{1}{2}h\right)\left(\dfrac{1}{2}\sin\theta - \dfrac{1}{2}\sin\alpha + \dfrac{1}{\pi}\cos\theta - \dfrac{1}{\pi}\cos\alpha\right) \\[2mm] F_{NF} = \dfrac{P}{2}\sin\theta + \dfrac{P}{\pi}\cos\theta \\[2mm] F_{QF} = \dfrac{P}{2}\cos\theta - \dfrac{P}{\pi}\sin\theta \end{cases} \tag{12-13}$$

式中,$\theta \leqslant \alpha$,当 $\theta = \alpha$ 时,弯矩为零。

由虚位移原理,在端点 C 施加向下的单位力 $P_i = 1$,可得虚设的受力模型如图 12-8(c)所示,此时曲线夹芯梁任意截面的内力可表示为

$$\begin{cases} \overline{M}_F = \left(R + \dfrac{1}{2}h\right)\left(\dfrac{1}{2}\sin\theta - \dfrac{1}{2}\sin\alpha + \dfrac{1}{\pi}\cos\theta - \dfrac{1}{\pi}\cos\alpha\right) \\[2mm] \overline{F}_{NF} = \dfrac{1}{2}\sin\theta + \dfrac{1}{\pi}\cos\theta \\[2mm] \overline{F}_{QF} = \dfrac{1}{2}\cos\theta - \dfrac{1}{\pi}\sin\theta \end{cases} \tag{12-14}$$

由式(12-14)可知,夹芯梁的变形是由拉压、剪切和弯曲联合作用引起的。对于金字塔点阵夹芯梁,曲面面板承受拉压和弯曲,芯子承受剪切作用,各个构件的变形均可以影响中心点的挠度值。为了精确刻画各种载荷对中心点挠度的贡献,本章详细考虑轴力、剪力和弯矩对中心点挠度的影响。根据单位力法,并利用结构的对称性,中心点 C 的挠度可表示为

$$\delta_C = \int_B^A \overline{F}_{NF}\frac{F_{NF}}{(EA)_{\mathrm{eq}}}\mathrm{d}s + \int_B^A \overline{F}_{QF}\mu\frac{F_{QF}}{(GA)_{\mathrm{eq}}}\mathrm{d}s + \int_B^A \overline{M}_F\frac{M_F}{(EI)_{\mathrm{eq}}}\mathrm{d}s$$

$$= \frac{P\left(R + \dfrac{1}{2}h\right)}{(EA)_{\mathrm{eq}}}\int_0^\alpha \left(\frac{1}{2}\sin\theta + \frac{1}{\pi}\cos\theta\right)^2 \mathrm{d}\theta + \frac{\mu P\left(R + \dfrac{1}{2}h\right)}{(GA)_{\mathrm{eq}}}\int_0^\alpha \left(\frac{1}{2}\cos\theta - \frac{1}{\pi}\sin\theta\right)^2 \mathrm{d}\theta$$

$$+\frac{P\left(R+\dfrac{1}{2}h\right)^3}{(EI)_{eq}}\int_0^\alpha\left(\frac{1}{2}\sin\theta-\frac{1}{2}\sin\alpha+\frac{1}{\pi}\cos\theta-\frac{1}{\pi}\cos\alpha\right)^2d\theta$$

$$=\frac{P\left(R+\dfrac{1}{2}h\right)}{(EA)_{eq}}f_1(\alpha)+\frac{\mu P\left(R+\dfrac{1}{2}h\right)}{(GA)_{eq}}f_2(\alpha)+\frac{P\left(R+\dfrac{1}{2}h\right)^3}{(EI)_{eq}}f_3(\alpha) \qquad (12-15)$$

式中

$$f_1(\alpha)=\frac{1}{\pi}\sin^2\alpha+\frac{1}{4\pi^2}\sin2\alpha-\frac{1}{16}\sin2\alpha+\frac{\alpha}{2\pi^2}+\frac{\alpha}{8}$$

$$f_2(\alpha)=\frac{\alpha}{2\pi^2}+\frac{\alpha}{8}+\frac{1}{4\pi^2}\sin2\alpha-\frac{1}{16}\sin2\alpha-\frac{1}{2\pi}\sin^2\alpha$$

$$f_3(\alpha)=\frac{\alpha}{8}-\frac{\sin2\alpha}{16}+\frac{\alpha}{2\pi^2}+\frac{\sin2\alpha}{4\pi^2}+\frac{\sin^2\alpha}{2\pi}+\alpha\left(\frac{1}{2}\sin\alpha+\frac{1}{\pi}\cos\alpha\right)^2$$

$$-\left(\sin\alpha+\frac{2}{\pi}\cos\alpha\right)\left(\frac{1}{2}-\frac{1}{2}\cos\alpha+\frac{1}{\pi}\sin\alpha\right)$$

轴向刚度 $\qquad\qquad\qquad (EA)_{eq}\approx2E_fbt_f \qquad\qquad\qquad (12-16)$

剪切模量 $\qquad\qquad\qquad (GA)_{eq}\approx w(h+t_f+t_1)G_c \qquad\qquad (12-17)$

弯曲刚度 $\qquad\qquad\qquad (EI)_{eq}\approx\dfrac{1}{2}E_fwt_f(h+t_f)^2 \qquad\qquad (12-18)$

式中,μ 为剪切修正系数。铁木辛柯认为变形前梁的横截面与梁的几何中心线是垂直的,而变形后,由于横向剪切变形,梁的横截面不再与几何中心线垂直,之间相差一个剪切角。不同梁具有不同的剪切修正系数,金字塔点阵夹芯梁的结构形式较复杂,至今没有准确的剪切修正系数,这里采用 Birman 等[85]给出的夹芯梁剪切修正系数,即 $\mu=(1+h_f/h_c)^2$。一般来说,由于点阵夹芯梁芯子较软,实际的点阵夹芯梁剪切系数要比这个值大。

2. 极限载荷

上面板主要承受压缩和弯曲载荷,即压弯组合,而下面板承受拉伸和弯曲载荷,即拉弯组合。由于纤维增强树脂基复合材料的拉伸强度远大于压缩强度,所以假设上面板比下面板先发生失效破坏。点阵曲面壳的结构形式较为复杂,分析点阵曲面壳强度的关键在于对任意截面上的力进行分解或简化。对于线弹性变形,可采用叠加原理来求解组合变形问题。由截面法可知,弯曲载荷下点阵曲面壳的上面板承受压缩和弯曲载荷,芯子主要承受剪切载荷。

1) 面板压溃与起皱

压弯组合载荷作用下点阵曲面壳的强度为

$$\sigma = \frac{N}{A} + \frac{M}{W} \tag{12-19}$$

式中，$A = 2wt_f$ 是面板横截面面积，而 $W = \dfrac{wt_f(h_c + t_f)^2}{h_c + 2t_f}$。

将式(12-13)代入式(12-19)可得

$$\sigma = \frac{\dfrac{P}{2}\sin\theta + \dfrac{P}{\pi}\cos\theta}{2t_f} + \frac{wP\left(R + \dfrac{1}{2}h_c + t_f\right)\left(\dfrac{1}{2}\sin\theta - \dfrac{1}{2}\sin\alpha + \dfrac{1}{\pi}\cos\theta - \dfrac{1}{\pi}\cos\alpha\right)}{W} \tag{12-20}$$

面板起皱或者面板压溃的临界载荷为

$$P_{cr} = \frac{2\sigma t_f(h_c + t_f)^2}{f(\theta)\left[(h_c + t_f)^2 + (h_c + 2t_f)\left(R + \dfrac{1}{2}h_c + t_f\right)\right] - (h_c + 2t_f)^2\left(R + \dfrac{1}{2}h_c + t_f\right)\left(\dfrac{1}{2}\sin\alpha + \dfrac{1}{\pi}\cos\alpha\right)} \tag{12-21}$$

式中，$f(\theta) = \left(\dfrac{1}{2}\sin\theta + \dfrac{1}{\pi}\cos\theta\right)$。当 $\theta = 57.3°$ 时，$f(\theta) = 0.59272$ 为最大值，此时 P_{cr} 为最小极值。

当 $\sigma \geqslant \sigma_{FW}$ 时，面板发生格间屈曲失效，$\sigma_{FW} = \dfrac{\pi^2 E_f h_f^2}{3a^2}$。

当 $\sigma \geqslant \sigma_f$ 时，面板发生压溃失效，σ_f 为面板的压缩强度。

2) 面芯脱胶(剪切失效)

由式(12-13)可知，当 $\theta = 0°$ 时，即在靠近压头的区域，芯子中剪应力最大，最易出现剪切失效，即面芯脱胶。根据截面法，在小变形条件下仅考虑压头下方的一排单胞承受主要的剪切力。当最大的剪切应力 $\tau_{max} \geqslant \tau_{cd}$ 时结构剪切失效，其极限载荷为

$$P_{CD} = 2\tau_{cd}wh_c \tag{12-22}$$

式中，τ_{cd} 为结构的面内剪切强度。若为脱胶失效，则 $\tau_{cd} = \tau_{cr}A_{cr}/l^2$，其中 $\tau_{cr} = 21.9\text{MPa}$ 为胶层的剪切强度，A_{cr} 为单胞面芯黏结的面积，而 l 为单胞的宽度。

12.2.4　弯曲性能的试验研究

点阵曲面壳两端是用环氧树脂加固的，以防止端部提前失效。两端磨平后放置在弯曲卡具中，通过卡具限制点阵曲面壳两端在水平和铅直方向的位移，没有限制点阵曲面壳沿端部的转动，这样可保证两端近似为铰支座边界条件。如图 12-9 所示，将八个应变片贴在上下面板的不同位置，以考察结构在弯曲变形下不同区域的变形机制。

1) 变形分析

图 12-10 和图 12-11 分别给出了两组金字塔点阵曲面壳应变与时间的关系，

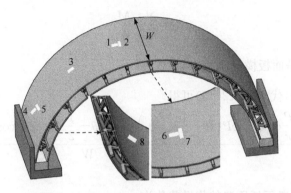

图 12-9　金字塔点阵曲面壳的三点弯曲试验及应变片位置示意图

同时也给出了载荷随时间变化的曲线。为了准确描述点阵曲面壳的变形规律，将应变片测量结果分成两组，并给出了 1000s 内的应变值变化曲线。

　　图 12-10 为四层面板金字塔点阵曲面壳的应变变化规律，从图 12-10（a）可以发现：1 号应变片位于曲面壳上面板靠近压头的位置，该处应变值为负，主要是压缩变形；6 号应变片位于曲面壳下面板与压头对应的位置，应变值为正，主要是拉伸变形；3 号应变片位于曲面壳上面板左侧弧线中间位置，该处发生面板起皱，使得应变出现高低振荡的现象。应变片 1、3 和 6 均由于点阵曲面壳发生面芯脱胶而出现应变值的急剧波动。从图 12-9（b）可以发现：应变片 2、5 和 7 用来测量点阵曲面壳宽度方向的应变值，这些应变值均非常小，几乎可以忽略不计。2、5、7 号应变片位置的面板主要承受压缩载荷，应变值为负，但是 4 号应变片所测试的应变值为正，主要是因为 4 号应变片处在点阵曲面壳的上面板靠边界的位置，当点阵曲面壳发生类似 M 模式的整体变形时会导致 4 号应变片受拉。8 号应变片处在点阵曲面壳的下面板靠边界位置，与 4 号应变片沿着壳体厚度方向对称排布，该处应变值为负，主要是因为 M 模式使得下面板的 8 号应变片承受压缩变形。应变片 2、4、5、

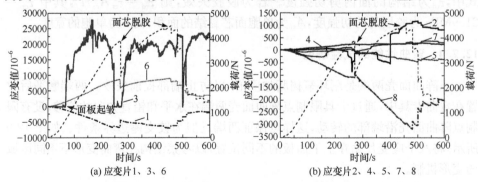

图 12-10　四层面板金字塔点阵曲面壳应变-时间曲线

7 和 8 同样由于点阵曲面壳发生面芯脱胶而出现应变值的急剧波动。

从图 12-11(a)可以发现,应变片 1、3、6 用来测量八层面板金字塔点阵曲面壳沿着跨度方向的应变值,1 号应变片位于承受压缩载荷的上面板,故应变值为负。当结构受力发生 M 失效模式时,3 号应变片正处在 M 型的拐角位置,该处应变片受力较小。6 号应变片处在下面板对应着压头的位置,承受拉伸载荷,故应变值为正。由图 12-11(b)可知,8 号应变片用于测量下面板靠近边界位置的应变,值为负。应变片 2、5 和 7 用来测量点阵曲面壳宽度方向的应变值,其中 2 号应变片处在压头下方,当压头下方发生局部凹陷使局部面板隆起时,2 号应变值为正。5 和 7 号应变片离压头位置较远,这些应变值均非常小,几乎可以忽略不计。应变片 1、2、6、8 同样由于曲面壳发生面芯脱胶而出现应变值的急剧波动。

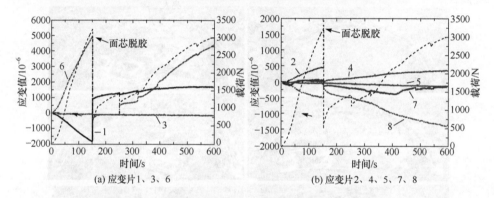

(a) 应变片 1、3、6　　　　　(b) 应变片 2、4、5、7、8

图 12-11　八层面板金字塔点阵曲面壳的应变-时间曲线

前面分析了应变随时间的变化情况,下面的图 12-12 和图 12-13 分别给出了由四层面板和八层面板所构成的点阵曲面壳试验件的载荷-位移曲线及失效模式渐进图。

由图 12-12 可知,薄面板金字塔点阵曲面壳在弯曲载荷作用下首先出现面板起皱,随后发生面芯脱胶。随着载荷的增大,脱胶面积越来越大,压头下方的芯子产生塑性变形,进而芯子杆件断裂,如图中点 0~2 间的变形区域所示,最终上下面板断裂,整个结构断为两截。图 12-13 给出了厚面板金字塔点阵曲面壳在弯曲载荷下的逐渐失效图,由于面板较厚,未出现面板起皱的现象,结构呈现 M 形变形模式。薄面板金字塔点阵曲面壳中心点最大位移为 2.5mm,而由式(12-15)给出的中心点位移仅为 0.8mm;厚面板金字塔点阵曲面壳中心点最大位移为 2.0mm,而由式(12-15)给出的中心点位移仅为 0.5mm。理论与试验结果相差较大,其原因主要有以下几点:①金字塔点阵曲面壳芯子的剪切模量难以预报,计算中所采用的理论剪切模量是基于金字塔点阵结构的等效刚度。一般来讲,面板弯曲会使芯子剪切模量产生一定程度的折减,通过试验可以发现剪切修正系数为 7 时较为合理。

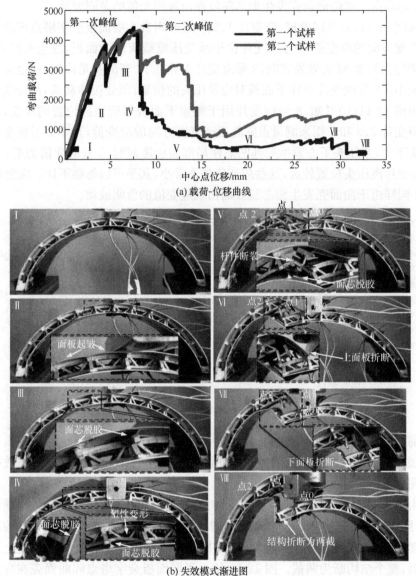

(a) 载荷-位移曲线

(b) 失效模式渐进图

图 12-12　四层面板金字塔点阵曲面壳的弯曲行为

②金字塔点阵曲面壳经过等效处理也会存在一定的误差。③两端边界条件不是严格的铰支,在曲面壳绕着边界进行转动时,壳体会发生一定的水平位移和竖直位移,导致结构整体位移偏大。

2) 承载能力试验分析

从两组典型的试验结果可知,面板越厚,结构中心点产生的位移越小。由于极

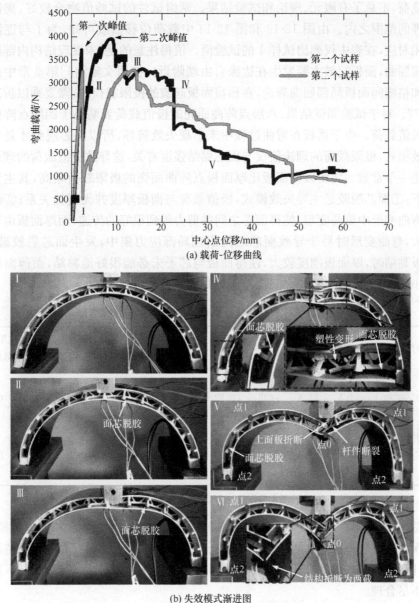

(a) 载荷-位移曲线

(b) 失效模式渐进图

图 12-13　八层面板金字塔点阵曲面壳的弯曲行为

限载荷主要由面芯黏结强度控制,所以面板起皱失效并不是主导的失效模式。面芯黏结强度与黏结面积及胶膜型号有关,两种结构采用相同的黏结面积和胶膜型号,导致弯曲载荷下结构的极限载荷相差不大。若要进一步提高点阵曲面壳的弯曲承载能力,必须提高面芯黏结强度。表 12-2 给出了点阵曲面壳在弯曲载荷下的极限载荷,汇总了有限元、理论和试验结果。两组试件的试验值吻合较好,离散性在合理的范围之内。由图 12-12 和图 12-13 中载荷位移曲线可知,为了与逐渐失效图相对应,在表中仅列出试样 1 的试验值。值得注意的是,未发现结构内部的面板格间屈曲,面板起皱主要发生在边缘自由端附近。按照文献[46]第 2 章中面板起皱和格栅间面板局部屈曲理论,在预报面板起皱的极限载荷时,需要乘以折减系数 0.77。对于试验测试结果,八层点阵曲面壳的极值载荷要略小于四层点阵曲面壳的极值载荷。由于面板在弯曲过程中未出现失效破坏,所以面芯脱胶才是主导的失效模式,极限载荷的理论值仅与面芯黏结强度有关,这导致极值载荷的理论预报值是一个常数。之所以薄面板比厚面板点阵曲面壳的极限载荷略高,其主要原因如下:①面芯脱胶是主导失效模式,极值载荷与面板厚度并无直接关系;②薄面板在弯曲变形中更易变形,使得面芯之间的剪力得到很好的传递,而厚面板由于刚度较大,弯曲变形时易于导致面芯之间出现局部应力集中,发生面芯脱胶破坏;③面板黏结时,厚面板刚度较大,使得面板与芯子未必能很好地黏结,而薄面板刚度较小,使得薄面板与芯子之间能很好地黏结。

表 12-2　金字塔点阵曲面壳极限载荷的理论值、试验值和有限元结果

试样铺层	w/mm	h/mm	L/mm	t_f/mm	P_{pred}/kN	理论失效模式	P_{meas}/kN	试验失效模式	P_{fem}/kN	有限元失效模式
$[0°/90°/90°/0°]$	71.3	86.9	228	0.52	5.795	FW			4.193	CS
					12.734	FC		FW		
					6.135	CD	4.581	CD		
$[0°/90°/90°/0°]_2$	69.8	87.3	220	1.02	26.963	FW			5.441	CS
					8.271	FC	4.002	CD		
					5.879	CD				

注:FW——面板起皱,FC——面板压溃,CD——面芯脱胶,CS——芯子剪切

　　总体来讲,本章给出的理论公式能较好地预报点阵壳体极限载荷及失效模式,导致误差的主要原因是:①曲面面板与芯子黏结过程中,点阵曲面壳没有保持原有的设计弧度并且局部存在应力集中;②理论模型将曲面壳等效为二维曲面梁,这一假设不尽合理。

12.2.5　弯曲性能的数值模拟

　　点阵曲面壳弯曲行为较为复杂,理论公式预报具有一定的局限性,尤其是对于点阵曲面壳在弯曲载荷下的位移,理论值与试验值之间存在较大的误差。为了更加准确地描述曲面壳体的弯曲行为,假设面芯不存在脱胶失效,对其进行有限元数值模拟。有限元网格模型如图 12-14 所示,两个放大图分别给出了弯曲载荷施加

情况和两端简支的位移边界条件。面板为碳纤维复合材料层合板,采用连续壳单元按照一定的铺层顺序进行建模,材料弹性模量和塑性屈服应力值采用表 12-1 中的数据。金字塔点阵芯子为高强度 7075 铝合金,采用均质实体单元进行建模,材料参数如表 12-1 所示。采用最大应力准则来判定结构是否失效,同时考虑结构中芯子的塑性大变形。面板和芯子之间设置面面接触,施加载荷的刚性压头与上面板之间也设置面面接触。在进行有限元模拟时,考虑了不同面板厚度对曲面壳弯曲行为的影响,其铺层均采用对称方式。

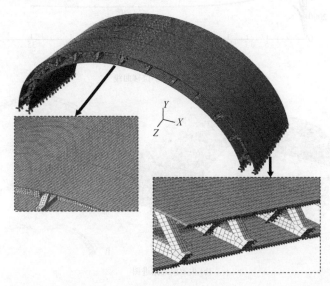

图 12-14　弯曲载荷下金字塔点阵曲面壳有限元网格划分及边界条件

　　图 12-15 显示了六种不同面板厚度的点阵曲面壳体结构的弯曲性能,假设面芯之间未出现脱胶破坏模式。随着面板厚度的增加,弯曲极值载荷随之增大,这与试验结果不同,主要原因在于有限元模型中以点阵芯子剪切失效为判断标准,而试验过程中面芯之间的黏结强度是主要因素。选取八层面板的曲面壳有限元结果,与图 12-13 中八层面板曲面壳试验结果进行比较。

　　通过对比分析,得到以下结论:①弯曲极值载荷的有限元结果远高于试验结果,主要原因在于试验过程中出现了面芯脱胶现象,在一定程度上降低了结构承载能力。②有限元给出的载荷-位移曲线,经过一段线弹性变形之后进入塑性大变形阶段,点阵芯子承受剪切载荷而使杆件发生塑性变形,载荷没有急剧降低,有一个较长的平台段,而试验结果存在两个明显的峰值载荷,每一个峰值之后均出现阶梯状下降的特征。产生这种现象的主要原因在于,试验过程中出现面芯脱胶现象,面芯脱胶是一个逐步发生的过程,每一小块区域的脱胶都会带来载荷的一次急剧降低。③通过有限元模拟得到了曲面壳在四个时刻的变形图,出现与试验过程类似

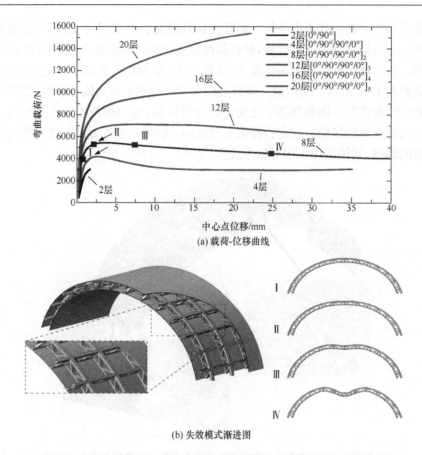

(a) 载荷-位移曲线

(b) 失效模式渐进图

图 12-15　六种不同面板厚度的金字塔点阵曲面壳弯曲行为的数值模拟结果

的 M 型失效模式,可见 M 型失效是壳体结构主要的弯曲失效模式。需要指出的是,数值模拟过程中面板厚度的不同并未带来失效模式的变化,而在试验过程中四层薄面板出现面板起皱并且折断,并未出现 M 型失效模式。产生这一现象的主要原因在于面芯脱胶失效模式,因为薄面板与芯子脱开之后,在弯曲变形下面板由于产生局部大变形而发生折断。

从表 12-2 中可知,极值载荷的有限元结果与试验值吻合较好,出现误差的原因在于试验过程中出现面芯脱胶现象。极限载荷之后的失效模式较为复杂,不同的失效模式会给最终的挠度值带来不同的影响。对于点阵极值载荷下点阵曲面壳的挠度值,失效模式不同,导致相应的挠度值有所不同。有限元结果显示,在点阵曲面壳破坏后期主要是芯子塑性大变形,未发现明显的载荷突变。但是从有限元计算得到的载荷-位移曲线可以发现,曲面壳在弯曲载荷下产生的挠度是很大的。有限元模拟给出了面芯界面完好情况下曲面壳体的弯曲行为,可见提高面芯界面黏结强度是今后要解决的关键问题。

由上可知,有限元结果与试验值之间存在一定的误差,其主要原因在于:①试验件制备过程中面板和芯子常会存在孔洞缺陷以及几何形状的误差,而在有限元模型中是无法考虑这种误差的;②弯曲试验过程中,不能保证两端的边界条件是完全简支的,也不能保证弯曲载荷均匀施加在曲面壳上面板,可能存在压头与上面板先后接触的问题。

12.3 复合材料金字塔点阵圆柱壳的轴压行为

12.3.1 结构设计与制备

在点阵曲面壳制备工艺基础上,本节制备了复合材料金字塔点阵圆柱壳。首先制备圆柱壳芯子,如图 12-16(a)所示,环纵筋由 7075 高强度铝合金线切割批量而成,圆形环筋与纵筋嵌锁制备成铝合金金字塔点阵圆柱壳芯子,如图 12-16(b)和(c)所示。金字塔点阵圆柱壳单胞模型与图 12-3 相同,制备的试验件芯子的相对密度均为 9.98%。

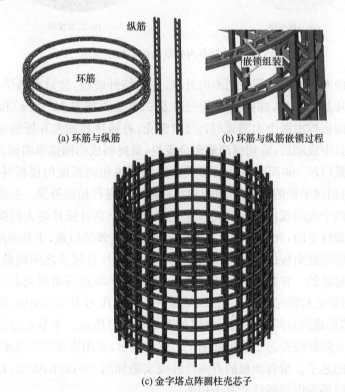

(a) 环筋与纵筋   (b) 环筋与纵筋嵌锁过程

(c) 金字塔点阵圆柱壳芯子

图 12-16 金字塔点阵圆柱壳芯子的制备工艺图

通过模具热压法制备碳纤维曲面板的过程如图 12-17 所示,与之前成型曲面壳的曲面模具相似,主要由三部分构成,即部件Ⅰ～Ⅲ。部件Ⅲ和部件Ⅱ用于成型内壁曲面壳,部件Ⅱ和部件Ⅰ用于成型外壁曲面壳,利用模具来保证曲面壳的曲率。按照设计方案,在曲面模具中铺设碳纤维预浸料即可成型内外曲面壳,固化时间、压力和温度与之前曲面壳制备部分相同。模具Ⅱ厚度与金字塔点阵圆柱壳芯子的高度相等,从而保证内外面板与圆柱壳芯子黏结时具有良好的曲面接触。

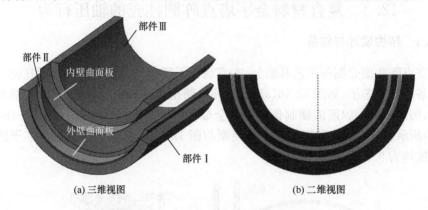

(a) 三维视图　　　　　　　　　　　　　(b) 二维视图

图 12-17　制备内外壁曲面壳的示意图

将上述曲面壳拼接成圆柱壳的内外壁,先黏结外壁板,然后再黏结内面板,最后黏结补强片及增强片,黏结过程的三维及二维视图如图 12-18(a)和(b)所示。圆柱壳内外面板均由两个大圆弧(170°)曲面壳、补强片和加强片所组成。面板在半圆弧形模具中成型后,需切掉两端多余废料,最终制成的圆弧形曲面壳略小于半圆。两个圆弧(170°)曲面壳拼接后形成的空隙可由相同弧度的面板补强片(10°)填补,同时由相同半径的加强片(30°)对填补的区域进行加固补强。补强片的作用主要是弥补两个大圆弧曲面壳形成的空缺部分,由于在补强片与大圆弧曲面壳之间存在竖直裂纹空隙,在轴压载荷下极易成为最先失效的位置,于是采用加强片来进一步增强薄弱处面板的强度。面芯之间以及增强片补强片之间均是通过 J242-A 胶膜进行黏结的。将胶膜剪裁成细长条,敷在金字塔点阵曲面壳芯子的内外棱上,然后与面板进行黏结固化。在 120℃条件下固化压力为 0.5MPa,固化时间为 1h,最终黏结形成的点阵圆柱壳示意图如图 12-18(c)所示。本节通过嵌锁组装形成的铝合金点阵圆柱壳芯子实物如图 12-19(a)所示,采用嵌锁组装技术,可以制备出不同高度的芯子。带有面板的点阵圆柱壳实物如图 12-19(b)所示,其中去掉了一部分面板以展示内部圆柱壳芯子构型。

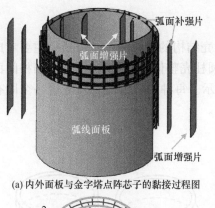

(a) 内外面板与金字塔点阵芯子的黏接过程图

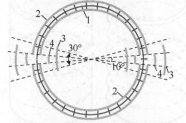

1-金字塔点阵圆柱壳芯子; 2-弧线面板(170°);
3-弧面增强片(30°); 4-弧面补强片(10°)

(b) 黏接过程俯视图

(c) 金字塔点阵圆柱壳的结构示意图

图 12-18　金字塔点阵圆柱壳的制备工艺图

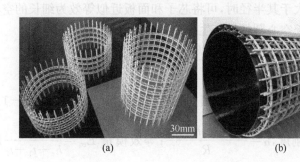

(a)　　　　　　　　　　　　(b)

图 12-19　金字塔点阵圆柱壳芯子实物图

12.3.2　轴向压缩性能的理论研究

金字塔点阵圆柱壳是由蒙皮和金字塔点阵芯子组成的,在轴向载荷作用下,结构常会发生欧拉屈曲(EB)、筋格间面板局部屈曲(CB)、圆柱壳壁压溃(CC)等典型的失效模式。本节分别给出各种破坏模式下结构承载能力的预报公式,并对几何参数进行无量纲化,绘制相应的失效机制模式图。

1. 轴向压缩临界载荷

根据结构稳定性理论,推导圆柱壳结构的临界载荷。分析中主要考虑四种可能的失效模式,即圆柱壳欧拉屈曲、圆柱壳整体轴向失稳、圆柱壳筋格间面板局部屈曲和圆柱壳壁压溃,如图 12-20 所示。每种失效模式均对应着一个固有的临界载荷,下面给出相应的理论预报公式。

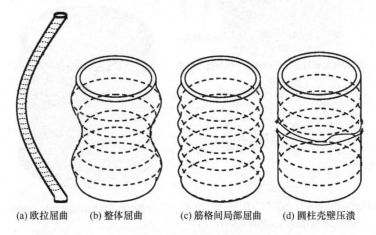

(a) 欧拉屈曲　　(b) 整体屈曲　　(c) 筋格间局部屈曲　　(d) 圆柱壳壁压溃

图 12-20　金字塔点阵圆柱壳可能的失效模式

1) 圆柱壳欧拉屈曲

当圆柱壳高度远大于其半径时,可将芯子和面板近似等效为细长的空心圆杆。在轴向压缩载荷下细长空心圆杆易产生屈曲,其临界屈曲载荷为

$$P_{EB} = \frac{k^2 \pi (EI)_{eq}}{L^2} \tag{12-23}$$

式中,L 为细长空心圆杆的长度;两端固支时 $k=2$;$(EI)_{eq} = \frac{\pi E_{eq}}{2} R^4 (\alpha^4 - 1)$ 为细长空心圆杆的等效抗弯刚度,$\alpha = \frac{R + t_1 + t_2 + h_c}{R}$;等效模量 $E_{eq} = \frac{t_1 + t_2}{h_c + t_1 + t_2} E_f$,其中 E_f 是内外壁面板的压缩模量。在本节中,假设内外壁材料铺层及厚度是相同的,即 $t_1 = t_2 = t_f$,此时极限载荷可以写为

$$P_{EB} = \frac{\pi}{2} E_f \frac{2 t_f}{h_c + 2 t_f} R^4 \left[\left(\frac{R + 2 t_f + h_c}{R} \right)^4 - 1 \right] \frac{1}{L^2} \tag{12-24}$$

2) 圆柱壳整体屈曲

在小变形假设下,Timoshenko[86] 给出了圆柱壳发生整体屈曲的轴向压缩强度

$$\sigma_{SB} = 0.65 \frac{E_{eq} t}{R} \tag{12-25}$$

若圆柱壳发生非线性大变形,上述公式不能准确预报结构整体屈曲强度。结合试验结果,工程师总结出了圆柱壳在轴压下整体屈曲失稳的经验公式

$$\sigma_{SB} = \frac{E_{eq}(h_c + 2t_f)}{(R + h_c + 2t_f)\sqrt{3(1-\nu^2)}} \qquad (12\text{-}26)$$

式中,ν 为材料的泊松比。当泊松比 $\nu = 0.3$ 时,式(12-16)可以化简为 $\sigma_{SB} = 0.605 \dfrac{E_{eq}(h_c + 2t_f)}{(R + h_c + 2t_f)}$,根据点阵圆柱壳的几何尺寸,轴压屈曲载荷为

$$P_{SB} = \sigma_{SB} 2\pi R t_f = 1.2\pi E_f \frac{2t_f}{h_c + 2t_f} \frac{(h_c + 2t_f)}{(R + h_c + 2t_f)} R t_f \qquad (12\text{-}27)$$

但从后面的轴压试验并没有发现上述的失效模式。

3) 圆柱壳筋格间面板局部屈曲

当圆柱壳内外面板较薄时,在轴向压缩载荷下,加强肋之间的面板受压极易发生局部屈曲。与整体屈曲不同,圆柱壳面板仅在纵环筋所围的方形区域发生局部突起,整体结构依然为圆形截面且芯子保持不变。假设加强肋间的面板在四边简支条件下发生局部屈曲,若忽略加强肋间面板曲率,则可以得到局部屈曲的极限载荷

$$P_{LB} = \frac{\pi^2 (EI)_{cell}}{(1-\nu^2)a^2} \approx 1.1\pi^2 \frac{1}{a^2} E_f \frac{1}{12} b t_f^3 \qquad (12\text{-}28)$$

式中,a 为点阵圆柱壳纵环加强肋之间方形面板的边长。当 $a/R = 0.2$ 时,式(12-28)可以化简为

$$P_{LB} = 0.09\pi^2 E_f R^2 \left(\frac{t_f}{R}\right)^2 \qquad (12\text{-}29)$$

4) 圆柱壳壁压溃

当圆柱壳内外面板压溃时,其相应的极限载荷为

$$P_{FC} = 2\pi(2R + h_c) t_f \sigma_f \qquad (12\text{-}30)$$

式中,σ_f 是层合板的压溃强度。由于曲面壳压溃强度相对平板的压溃强度会有一定程度的折减,所以这个强度会比真实曲面壳强度高。

2. 轴向压缩失效机制图

由式(12-24)~式(12-30)可知,除了屈曲,圆柱壳失效行为与其高度不存在必然的联系,而与面板厚度和芯子高度密切相关。为了直观表示圆柱壳轴向压缩失效模式与圆柱壳壁厚和芯子高度的内在关系,以 t 为横坐标,d 为纵坐标绘制了圆柱壳在轴向压缩载荷下的失效机制图。由于失效机制图与圆柱壳面板的铺层顺序有关,本节考虑两种典型的角铺层情况,即碳纤维正交编织布和碳纤维正交铺层 [0°/90°/90°/0°],材料力学性能及试样尺寸见表 12-3。依据两种材料绘制的圆柱

壳失效机制图如图 12-21 所示。本节主要考虑三种失效模式,即欧拉屈曲、格间局部屈曲和筒壁压溃,并设计了三组不同面板铺层的压缩试验件。从试验结果可知,格间局部屈曲未造成结构的灾难性破坏。为此,首先绘制了引起结构灾难性破坏的两种失效模式,即欧拉屈曲和筒壁压溃,然后将筋格间面板局部屈曲模式补充到失效模式图中,覆盖欧拉屈曲和筒壁压溃的部分区域,如图中阴影区域所示。格间局部屈曲虽不是灾难性失效模式,但是可以降低结构的承载能力,引起面板压溃失效或者面芯脱胶。为了正确评价圆柱壳局部屈曲的力学行为,采用应变片方式可以准确表征点阵圆柱壳在轴压载荷下的应力和应变状态。

表 12-3 碳纤维编织布(3234/G814NT)和 T700 层合板力学性能

试样	面板材料	E_f/GPa	σ_f/MPa	L/mm	t_f/mm	R/mm
1	碳纤维编织布(3234/G814NT)	64	557	115	0.20	99.80
2	T700/3234[0°/90°/90°/0°]	54.5	473	115	0.52	99.48
3	T700/3234[0°/90°/90°/0°]$_2$	54.5	473	210	1.02	98.98

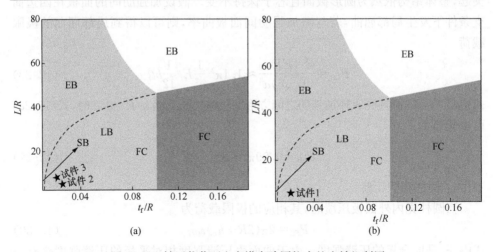

图 12-21 轴压载荷下金字塔点阵圆柱壳的失效机制图

12.3.3 轴向压缩性能的试验研究

轴向压缩试验是在 100 吨位的微机控制电液伺服万能试验机上进行的。图 12-22 为金字塔点阵圆柱壳轴向压缩示意图,在圆柱壳两端用不锈钢圆盘卡具固定,卡具上下端有凹陷,可与上下圆形压盘吻合,以保证载荷沿着轴向加载。在圆柱壳的两端卡具中,留有导线槽口,便于引出圆柱壳内壁应变片的导线。圆柱壳被固定在两端卡具的环形槽中,两端灌入环氧树脂进行局部增强,防止端部出现破坏。两端卡具的重量相对圆柱壳所承受的外载可忽略不计。本节采用控制载荷的方式进行加载,加载速度为 500N/s,加载上限根据具体试样设计的理论值而确定。

加载过程分为两步:①预加载。将载荷加载至 2kN 保持 1min,继续加载至 5kN 后保持 1min,然后卸载至 0。预加载 1min 的目的是保证压机的压头能够和圆柱壳顶端紧密接触,同时去掉试样本身的残余应力。②试验加载。根据圆柱壳加载上限的理论值,试验过程中采用逐步加载方式,即每增加 2kN 或者 5kN 采集一次应变数据。

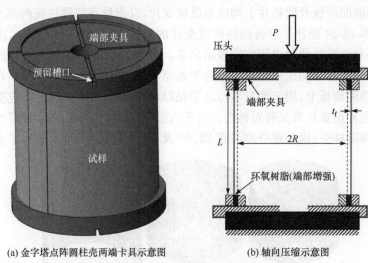

(a) 金字塔点阵圆柱壳两端卡具示意图　　　　　　(b) 轴向压缩示意图

图 12-22　金字塔点阵圆柱壳轴向压缩示意图

　　图 12-23 为三组典型金字塔点阵圆柱壳试验件的设计方案。方案一:0°/90°碳纤维正交编织布面板＋铝合金金字塔点阵芯子,圆柱壳总质量为 272.93g;方案二:四层碳纤维层合板(铺层为[0°/90°/90°/0°])＋铝合金金字塔点阵芯子,圆柱壳

图 12-23　金字塔点阵圆柱壳轴向压缩试验的试样图(未封槽口)(彩图见文后)

总质量为 332.26g;方案三:八层碳纤维层合板(铺层为[0°/90°/90°/0°]₂)+铝合金
金字塔点阵芯子,圆柱壳总质量为 901.86g。

1. 应变分析

复合材料点阵圆柱壳内外面板均是由两块曲面面板、增强片及补强片拼接而
成的,因此曲面面板及增强片上均应布设应变片,以测量点阵圆柱壳内部不同位置
的变形。图 12-24 给出了三种圆柱壳应变片的粘贴位置,为了准确显示应变片位
置,将环筋和纵筋的位置也用实线表示出来。有些应变片贴在纵环筋与面板黏接
位置,用于测量在轴向压缩过程中与芯子黏结在一起的面板变形情况。有些应变
片贴在筋格间面板上,用于测量不与芯子黏结的面板变形情况。内壁应变片位置
和外壁应变片位置具有某种对称性。对于八层面板、四层面板、单层碳纤维编织布
面板的点阵圆柱壳,内外壁分别贴有 22、20 及 18 个应变片,基本涵盖了点阵圆柱

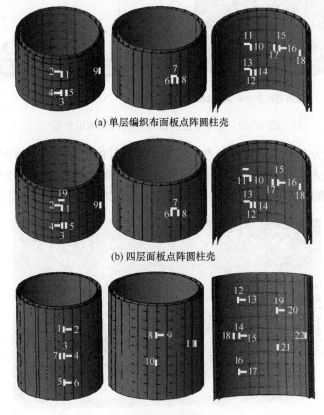

(a) 单层编织布面板点阵圆柱壳

(b) 四层面板点阵圆柱壳

(c) 八层面板点阵圆柱壳

图 12-24　金字塔点阵圆柱壳的应变片分布

壳典型的变形区域。将导线与应变片焊接,用万用表测量所有连接导线,确定所有应变片连接良好。按照应变片分布图将应变片对应的导线进行编号,便于接下来的试验操作。将圆柱壳两端加固法兰盘,引出圆柱壳内部的导线,并用橡皮泥将导线固定在法兰盘表面方形槽内,最后由槽口引出。将两端带有法兰盘的卡具放置在压机压盘中心,即可开始轴向压缩试验。

从图 12-25(a)可以看出,外面板轴向应变值变化幅度较大,且比较无序,但是 1 号应变片在 6kN 之后出现了拉伸应变值,这是因为面板局部发生起皱,导致局部面板出现鼓起现象。从应变值的突变也可推测出该处发生了筋格间局部屈曲。图 12-25(b)为内面板轴向应变值的变化情况,与图 12-25(a)一样,应变值变化幅度较大且无序,大部分应变值均为负值。但是 14 号应变片在 6kN 左右也出现了拉伸应变,也是由筋格间面板局部屈曲所引起的。图 12-25(c)为单层碳纤维正交编织布金字塔点阵圆柱壳中横向应变值的变化曲线。理论上讲,在轴压载荷下,金字塔点阵圆柱壳横向应变值应该为较小的正值,但是由于面板较薄,仅为 0.2mm,

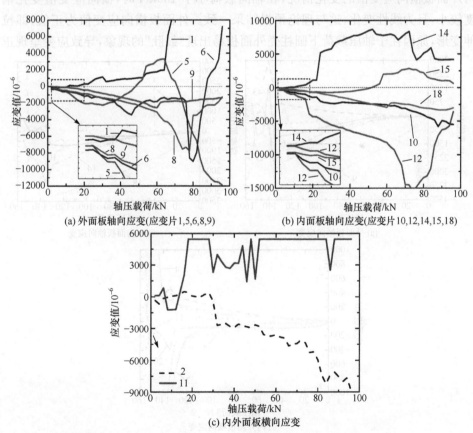

(a) 外面板轴向应变(应变片1,5,6,8,9)　　　　(b) 内面板轴向应变(应变片10,12,14,15,18)

(c) 内外面板横向应变

图 12-25　单层碳纤维正交编织布金字塔点阵圆柱壳的应变-载荷曲线

导致在较小的载荷下出现筋格间局部屈曲,这使得横向应变值呈现杂乱无章的变化。当轴压载荷为 6kN 时,使得横向应变值出现突变,主要原因是内外面板存在局部鼓起现象,使得鼓起区域的应变为正值。

由图 12-26(a)可知,轴向载荷小于 130kN 时,金字塔点阵圆柱壳各点轴向应变值几乎呈直线变化,基本为负值,仅 1 号应变片的应变值在轴向载荷为 40kN 左右时为正值,这是由局部面板鼓起引起的。四层面板厚度为 0.5mm,易出现面板局部屈曲,但相对于单层碳纤维正交编织布金字塔点阵圆柱壳发生面板局部屈曲的载荷要大很多。在加载初期应变值没有大幅变化,当轴向压缩载荷为 130kN 时,结构发生断裂破坏,各点应变值出现大幅波动。图 12-26(b)为内面板轴向应变值的变化情况。由图可知,应变值均为负值,且基本呈线性变化。但当轴向载荷为 40kN 时,15 号应变片的应变值出现急剧波动,这是因为面板发生了局部屈曲。当轴向载荷为 130kN 时,金字塔点阵圆柱壳应变值开始出现突变。图 12-26(c)为内外面板横向应变值的变化情况,在轴向载荷小于 130kN 时,横向应变值变化幅度较小,且为线性变化,这与理论预报结果一致。外面板横向应变值为正值,即拉伸变形,原因在于轴压载荷下圆柱壳外面板易出现"鼓肚"的现象,导致应变呈现正

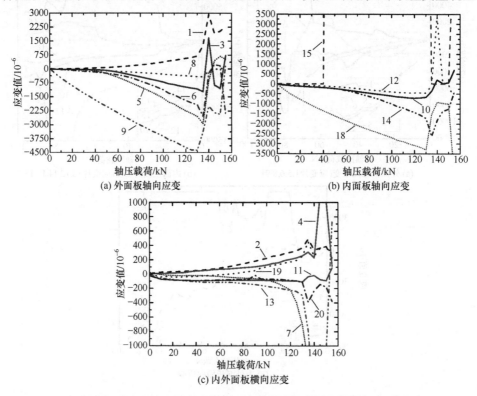

(a) 外面板轴向应变　　　　　　　　　(b) 内面板轴向应变

(c) 内外面板横向应变

图 12-26　四层面板金字塔点阵圆柱壳的应变-载荷曲线

值。当载荷达到 130kN 时,应变值出现急剧变化。

由图 12-27(a)可知,外面板轴向应变值变化趋势基本一致,几乎为线性变化,且均为负值,未存在明显的突变情况。图 12-27(b)可知,轴向应变基本也为线性变化且为负值,仅 20 号应变片由于局部变形而出现应变突变现象。由图 12-27(c)可知,与轴向应变值相比较,内外面板横向应变值均很小,内面板横向应变值为负值,外面板横向应变值则出现与图 12-26(b)中类似的现象,即外面板应变为正值,其主要原因在于外面板在轴向压缩载荷下易发生"鼓肚"现象,即圆柱壳外壁出现向外膨胀。

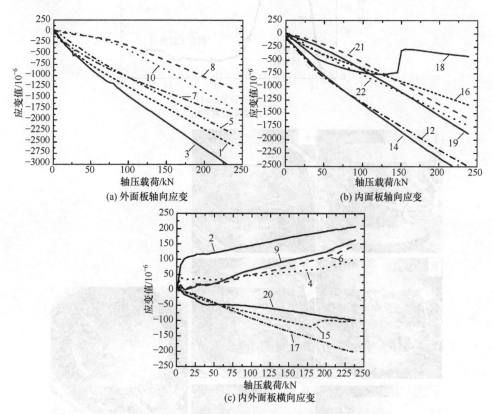

图 12-27　八层面板金字塔点阵圆柱壳的应变-载荷曲线

2. 极限承载能力分析

1) 单层碳纤维编织布面板金字塔点阵圆柱壳

图 12-28 为单层碳纤维编织布金字塔点阵圆柱壳在轴向压缩载荷下的载荷-位移曲线和失效模式渐进图。从图 12-28(a)和(b)中可以看出,圆柱壳在初始预加载后发生线弹性变形(Ⅰ);由于面板很薄,随后出现筋格间局部屈曲现象(Ⅱ),

但是幅度非常小；当载荷达到 70kN 左右时，其上升趋势变缓，主要原因在于筋格间面板屈曲的波幅越来越大，产生很多可以目视的凹陷坑（Ⅲ），但是载荷并没有迅速下降，结构仍具有较强的承载能力。随着压缩位移的不断增大，筋格间面板局部

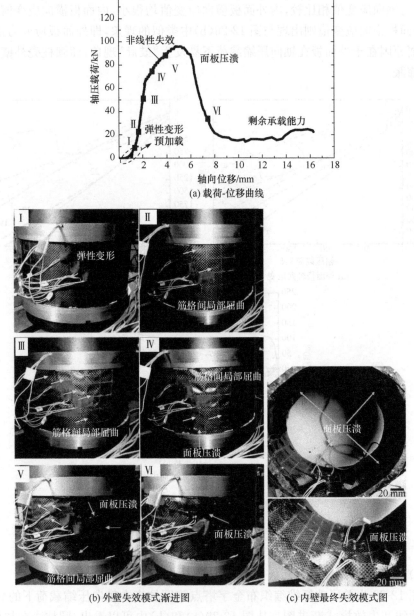

(a) 载荷-位移曲线

(b) 外壁失效模式渐进图　　　(c) 内壁最终失效模式图

图 12-28　单层碳纤维编织布面板金字塔点阵圆柱壳的轴向压缩

屈曲幅度越来越大,在靠近底盘附近发生面板断裂的迹象(Ⅳ-Ⅴ),并发出较脆的断裂声;当轴向载荷达到 9.635kN 时,断裂声越来越响,局部屈曲形成的凹坑均出现折断,在圆柱壳外面板上能看到明显的面板断裂(Ⅵ)。从图 12-28(c)也可以看到,圆柱壳内面板出现断裂失效,芯子环筋和纵筋也出现折断现象。当圆柱壳发生面板断裂后,从载荷-位移曲线发现结构仍然具有 20kN 左右的剩余承载能力。试验结果显示了筋格间面板局部屈曲及面板压溃失效模式,这与图 12-21 的失效机制图预报的结果是吻合的。面板压溃是主导失效模式,引起圆柱壳的灾难性破坏。

2) 四层碳纤维复合材料面板金字塔点阵圆柱壳

图 12-29 为四层碳纤维复合材料面板金字塔点阵圆柱壳的载荷-位移曲线及失效模式渐进图。从图 12-29(a)可以看出,载荷-位移曲线分为四个阶段:第一个阶段为初始预加载阶段,用于消除圆柱壳内部残余应力;第二个阶段为线弹性变形阶段;第三阶段为载荷急剧降低阶段,圆柱壳外壁发生断裂;第四个阶段为平缓变化阶段,结构保持着一定的剩余承载能力。为了刻画四层碳纤维复合材料面板金字塔点阵圆柱壳的失效行为,图 12-29(b)给出了圆柱壳外壁前半面和后半面的失效模式渐进图,并在载荷-位移曲线上对失效点进行了标注。线弹性变形后,圆柱壳前半面产生筋格间局部屈曲,而后半面出现纵筋变形导致的局部屈曲模式。由载荷-位移曲线发现,载荷线性增加之后有一较平缓的变化段,这种变化特征与筋格间面板发生局部屈曲是有关联的。随着载荷的进一步增大,局部屈曲形成的凹坑出现折断,发出清脆的断裂声。当载荷达到 155.2kN 左右时,圆柱壳面板发生大范围断裂,其前后面断裂线连在一起,导致圆柱壳承载能力急剧下降。图 12-29(c)为圆柱壳内壁的失效模式,也发现面板断裂,与其外壁破坏十分相似。试验中发现筋格间面板局部屈曲及面板压溃失效模式,这与图 12-21 的预报结果是一致的。面板压溃同样是四层面板复合材料金字塔点阵圆柱壳主导的失效模式。

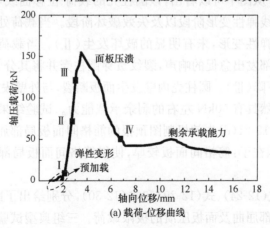

(a) 载荷-位移曲线

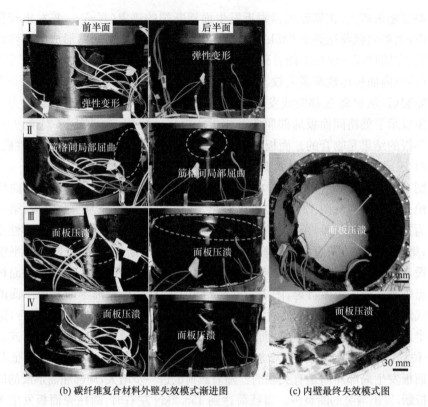

(b) 碳纤维复合材料外壁失效模式渐进图　　　(c) 内壁最终失效模式图

图 12-29　四层面板金字塔点阵圆柱壳的轴向压缩

3) 八层碳纤维复合材料面板金字塔点阵圆柱壳

图 12-30 为八层碳纤维复合材料面板金字塔点阵圆柱壳的载荷-位移曲线及失效模式渐进图。从图中可以看出,该圆柱壳的载荷-位移曲线可分为三个阶段:初始预加载阶段、线弹性变形阶段以及失效破坏阶段。当载荷处于线弹性上升阶段时,圆柱壳发生弹性变形,未有明显的破坏发生(Ⅱ)。当载荷上升至 454.8kN 左右时,圆柱壳内部发出急促的响声,裂纹贯穿圆柱壳并将其分为两截,此时圆柱壳承载能力突然下降(Ⅲ)。圆柱壳内壁发生面板断裂,与外壁失效模式十分相似。圆柱壳破坏后,依然具有 50kN 左右的剩余承载能力。试验结果显示了面板压溃失效模式,这与图 12-21(d)失效机制图预报的筋格间面板局部屈曲模式不同。出现这一现象的原因在于:筋格间面板较厚,使得筋格间面板局部屈曲模式不易被发现。

式(12-23)、式(12-24)、式(12-29)和式(12-30),分别给出了欧拉屈曲、整体屈曲、筋格间面板局部屈曲及面板压溃的极限载荷。三组典型试验中均发现面板压溃是圆柱壳的主导失效模式,筋格间面板局部屈曲发生在第一种和第二种设计方

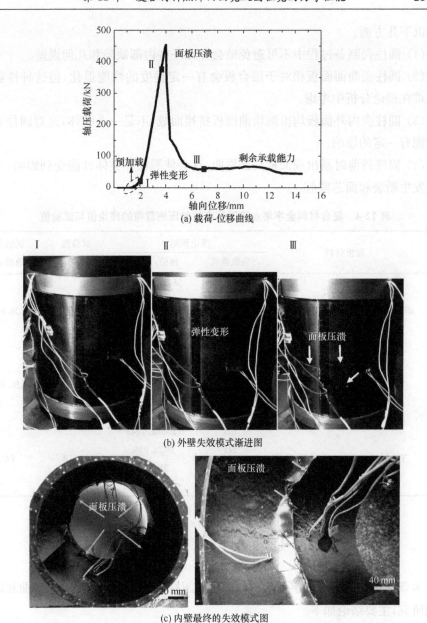

(a) 载荷-位移曲线

(b) 外壁失效模式渐进图

(c) 内壁最终的失效模式图

图 12-30　八层碳纤维复合材料面板金字塔点阵圆柱壳的轴向压缩

案中,但未引起结构的灾难性破坏。由于发生局部屈曲的临界载荷很难确定,所以本节未给出该试验值。表 12-4 汇总了复合材料金字塔点阵圆柱壳轴向压缩载荷的理论值及试验值,从表中可以发现本节给出的理论公式可以很好地预报圆柱壳的轴向压缩行为,但圆柱壳轴压载荷的理论值高于试验值,导致这一偏差的原因主要有以下几方面。

（1）圆柱壳制备过程中不可避免地会存在一些内部缺陷和几何误差。

（2）圆柱壳曲面面板相对于层合板会有一定程度的性能退化，但这种性能退化很难在理论分析中考虑。

（3）圆柱壳内外面板均由两块曲面板拼接而成，不是一个整体，这对圆柱壳整体性能有一定的影响。

（4）筒壁较薄时易出现面板局部屈曲，这会使圆柱壳整体性能受到影响，诱使面板发生断裂和面芯脱胶。

表 12-4　复合材料金字塔点阵圆柱壳轴向压缩载荷的理论值与试验值

试样	面板材料	理论预测		试验测试值/kN	试验失效模式
		失效模式	极值/kN		
1	碳纤维编织布（3234/G814NT）	EB	557102.9323	96.5	LB,FC
		SB	1596.796		
		LB	0.089		
		FC	146.989		
2	T700/3234 [0°/90°/90°/0°]	EB	1233551.242	155.2	LB, FC
		SB	3753.247		
		LB	3.460		
		FC	324.537		
3	T700/3234 [0°/90°/90°/0°]$_2$	EB	725623.1241	454.8	FC
		SB	8028.998		
		LB	51.220		
		FC	636.591		

12.4　本章小结

本章针对复合材料金字塔点阵曲面壳和圆柱壳开展了设计、制备、弯曲和轴压性能研究，主要结论如下。

（1）设计了金字塔点阵曲面壳和圆柱壳，采用纵环筋嵌锁组装方式制备了金字塔点阵芯子，与复合材料曲面面板黏结制成金字塔点阵曲面壳及圆柱壳。

（2）采用虚位移原理和卡氏定理，推导出复合材料金字塔点阵曲面壳在弯曲载荷下的挠度和承载能力公式。通过试验研究得到了曲面壳变形机制及承载能力，建立了曲面壳在弯曲载荷下的有限元数值模型，研究了不同面板厚度的曲面壳弯曲行为。

（3）轴压试验中观察到金字塔点阵圆柱壳欧拉屈曲、整体屈曲、筋格间局部屈曲和面板压溃失效模式，得到了不同厚度圆柱壳在轴压载荷下的变形机制。推导了轴压载荷下金字塔点阵圆柱壳极限载荷公式，绘制了金字塔点阵圆柱壳在轴压载荷下的失效机制图。试验结果表明，本章给出的理论公式可以较好地预报复合材料金字塔点阵圆柱壳的轴向压缩行为。

参 考 文 献

［1］Rizov V, Shipsha A, Zenkert D. Indentation study of foam core sandwich composite panels[J]. Composite Structures, 2005, 69(1):95-102.

［2］Ashby M F, Evans A, Fleck N A, et al. Metal Foams: A Design Guide[M]. Waltham: Butterworth-Heinemann, 2000: 1-5.

［3］Bitzer T. Honeycomb Technology: Materials, Design, Manufacturing, Applications and Testing[M]. Landon: Chapman & Hall, 1997.

［4］Schaedler T A, Jacobsen A J, Torrents A, et al. Ultralight metallic microlattices[J]. Science, 2011, 334(6058): 962-965.

［5］Cheung K C, Gershenfeld N. Reversibly assembled cellular composite materials [J]. Science, 2013, 341: 1219-1221.

［6］Schaedler T A, Jacobsen A J, Carter W B. Toward lighter, stiffer materials [J]. Science, 2013, 341(6151): 1181-1182.

［7］Jang D C, Meza L R, Greer F, et al. Fabrication and deformation of three-dimensional hollow ceramic nanostructures [J]. Nature Materials, 2013,12(10):1-5.

［8］Evans A G, Hutchinson J W, Ashby M F. Multifunctionality of cellular metal systems[J]. Progress in Materials Science, 1998, 43(3): 171-221.

［9］Queheillalt D T, Carbajal G, Peterson G P, et al. A multifunctional heat pipe sandwich panel structure[J]. International Journal of Heat and Mass Transfer, 2008, 51(1/2):312-326.

［10］Steeves C A, He M Y, Kasen S D, et al. Feasibility of metallic structural heat pipes as sharp leading edges for hypersonic vehicles[J]. Journal of Applied Mechanics, 2009, 76(3): 031014.

［11］Evans A G, Hutchinson J W, Fleck N A, et al. The topological design of multifunctional cellular metals[J]. Progress in Materials Science, 2001, 46(3/4): 309-327.

［12］Wadley H N G,Queheillalt D T. Thermal applications of cellular lattice structures[J]. Materials Science Forum, 2007, 539-543: 242-247.

［13］Steeves C A, Wadley H N G, Miles R B, et al. A magnetohydrodynamic power panel for space reentry vehicles[J]. Journal of Applied Mechanics, 2007, 74(1): 57-64.

［14］Valdevit L, Jacobsen A J, Greer J R, et al. Protocols for the optimal design of multifunctional cellular structures: From hypersonics to micro-architected materials[J]. Journal of the American Ceramic Society, 2011, 94(s1): s15-s34.

［15］Wadley H N G,Dharmasena K P, Chen Y, et al. Compressive response of multilayered pyramidal lattices during underwater shock loading[J]. International Journal of Impact Engineering, 2008, 35(9):1102-1114.

［16］Ashby M F. Drivers for material development in the 21st century[J]. Progress in Materials Sciences, 2001, 46(3/4): 191-199.

［17］Gibson L J, Ashby M F. Cellular Solids: Structure and Properties[M]. 2nd Edition. Cambridge：Cambridge University Press，1997.

[18] Ashby M F, Jones D R H. Engineering Materials and Processes Desk Reference[M]. Waltham：Butterworth-Heinemann, 2009.

[19] Ashby M F. Materials selection in mechanical design [M]. 4th Edition. New York：Pergamon Press, 2010.

[20] Gibson L J, Ashby M F, Harley B A. Cellular Materials：In Nature and Medicine[M]. Cambridge：Cambridge University Press, 2010.

[21] MattWedel (photographer) on display at the Natural History Museum, London,2006.

[22] Deshpande V S, Fleck N A. Foam topology bending versus stretching dominated architectures[J]. Acta Materialia, 2001, 49(6)：1035-1040.

[23] Wadley H N G. Multifunctional periodic cellular metals[J]. Philosophical Transactions of the Royal Society A, 2006, 364(1838)：31-68.

[24] Sypeck D J, Wadley H N G. Cellular metal truss core sandwich structures[J]. Advanced Engineering Materials, 2002, 4(10)：759-765.

[25] Wadley H N G, Fleck N A, Evans A G. Fabrication and structural performance of periodic cellular metal sandwich structures[J]. Composites Science and Technology, 2003, 63(16)：2331-2343.

[26] Wallach J C, Gibson L J. Defect sensitivity of a 3D truss material [J]. Scripta Materialia, 2001, 45(6)：639-644.

[27] 张卫红,吴琼,高彤. 周期性金属桁架夹芯板的力学性能研究进展[J]. 昆明理工大学学报，2005, 30(6)：24-28.

[28] 范华林，杨卫，方岱宁，等. 新型碳纤维点阵复合材料技术研究[J]. 航空材料学报，2007, 27(1)：46-50.

[29] 张钱诚，卢天健，闻婷. 轻质高强点阵金属材料的制备及其力学性能强化的研究进展[J]. 力学进展，2010, 40(2)：157-169.

[30] 方岱宁，张一慧，崔晓东. 轻质点阵材料力学与多功能设计[M]. 北京:科学出版社，2009：1-2.

[31] 卢天健，何德坪，陈常青，等. 超轻多孔金属材料的多功能特性及应用[J]. 力学进展，2006, 36(4)：517-535.

[32] 卢天健，刘涛，邓子辰. 多孔金属材料多功能化设计的若干进展[J]. 力学与实践，2008, 30(1)：1-9.

[33] Deshpande V S, Fleck N A, Ashby M F. Effective properties of the octet-truss lattice material[J]. Journal of the Mechanics and Physics of Solids, 2001, 49(8)：1747-1769.

[34] Wallach J C, Gibson L J. Mechanical behaviour of a three-dimensional truss material[J]. International Journal of Solids and Structures, 2001, 38(40/41)：7181-7196.

[35] Rathbun H J, Wei Z, He M Y, et al. Measurement and simulation of the performance of a lightweight metallic sandwich structure with a tetrahedral truss core[J]. Journal of Applied Mechanics, 2004, 71(3)：368-374.

［36］Zok F W, Waltner S A, Wei Z, et al. A protocol for characterizing the structural perform-ance of metallic sandwich panels: Application to pyramidal truss cores［J］. International Journal of Solids Structures, 2004, 41 (22/23): 6249-6271.

［37］Wang J, Evans A G, Dharmasena K, et al. On the performance of truss panels with kagome cores［J］. International Journal of Solids Structures, 2003, 40(25): 6981-6988.

［38］Moongkhamklang P, Elzey D M, Wadley H N G. Titanium matrix composite lattice struc-tures［J］. Composites Part A: Applied Science and Manufacturing, 2008, 39(2):176-187.

［39］Ashby M F, Brechet Y J M. Designing hybrid materials［J］. Acta Materialia, 2003, 51 (19): 5801-5821.

［40］Finnegan K. Carbon Fiber Composite Pyramidal Lattice Structures［D］. Charlottesville: Master Thesis of University of Virginia, 2007: 10-20.

［41］Finnegan K, Kooistra G, Wadley H N G, et al. The compressive response of carbon fiber composite pyramidal truss sandwich cores［J］. International Journal of Materials Research, 2007, 98(12): 1264-1272.

［42］Lee B C, Lee K W, Byeun J H, et al. The compressive response of new composite truss cores［J］. Composites Part B: Engineering, 2012, 43(2): 317-324.

［43］Fan H L, Meng F H, Yang W. Mechanical behaviors and bending effects of carbon fiber reinforced lattice materials［J］. Archive of Applied Mechanics, 2006, 75(10-12):635-647.

［44］Wang B, Wu L Z, Ma L, et al. Mechanical behavior of the sandwich structure with carbon fiber-reinforced pyramidal lattice truss cores［J］. Materials and Design, 2010, 31(5): 2659-2663.

［45］王明亮. 复合材料金字塔点阵结构的 RTM 制备工艺及力学性能［D］. 哈尔滨:哈尔滨工业大学硕士学位论文,2011.

［46］熊健. 轻质复合材料新型点阵结构设计及其力学行为研究［D］. 哈尔滨: 哈尔滨工业大学博士学位论文, 2012.

［47］Wang B, Wu L Z, Ma L, et al. Fabrication and testing of carbon fiber reinforced truss core sandwich panels［J］. Journal of Materials Science and Technology, 2009, 25(4): 547-550.

［48］Wang B, Zhang G Q, He Q L, et al. Mechanical behavior of carbon fiber reinforced poly-mer composite sandwich panels with 2-D lattice truss cores ［J］. Materials and Design, 2014, 55: 591-596.

［49］Zhang G Q, Ma L, Wang B, et al. Mechanical behavior of CFRP sandwich structures with tetrahedral lattice truss cores［J］. Composites Part B: Engineering, 2012, 43(2): 471-476.

［50］Xiong J, Ma L, Wu L Z, et al. Fabrication and crushing behavior of low density carbon fiber composite pyramidal truss structures［J］. Composite Structures, 2010, 92(11): 2695-2702.

［51］Wang J, Evans A G, Dharmasena K, et al. On the performance of truss panels with kagome cores ［J］. International Journal of Solids and Structures, 2003, 40(25):6981-6988.

［52］Lim J H, Kang K J. Mechanical behavior of sandwich panels with tetrahedral and Kagome truss cores fabricated from wires[J]. International Journal of Solids and Structures, 2006, 43(17): 5228-5246.

[53] Li M, Wu L Z, Ma L, et al. Mechanical response of all-composite pyramidal lattice truss core sandwich structures[J]. Journal of Materials Science and Technology, 2011, 27(6): 570-576.

[54] George T, Deshpande V S, Wadley H N G. Mechanical response of carbon fiber composite sandwich panels with pyramidal truss cores[J]. Composites: part A, 2013, 47: 31-40.

[55] Allen H G. Analysis and Design of Structural Sandwich Panels[M]. New York: Pergamon Press, 1969: 76-90.

[56] 石亦平, 周玉蓉. ABAQUS 有限元分析实例详解[M]. 北京: 机械工业出版社, 2008: 54-56.

[57] Hashin Z. Failure criteria for unidirectional fiber composites [J]. Journal of Applied Mechanics, 1980, 47(2):329-334.

[58] Fan H L, Meng F H, Yang W. Sandwich panels with Kagome lattice cores reinforced by carbon fibers [J]. Composite Structures, 2007, 81(4):533-539.

[59] Wicks N, Hutchinson J W. Optimal truss plates [J]. International Journal of Solids and Structures, 2001, 38(30/31): 5165-5183.

[60] Cote F, Biagi R, Bart-Smith H, et al. Structural response of pyramidal core sandwich columns [J]. International Journal of Solids and Structure, 2007, 44(10):3533-3556.

[61] Zok F W, Waltner S A, Wei Z, et al. A protocol for characterizing the structural performance of metallic sandwich panels: Application to pyramidal truss cores [J]. International Journal of Solids Structures, 2004, 41(22/23):6249-6271.

[62] 徐芝纶. 弹性力学(上册)[M]. 北京: 高等教育出版社, 2006.

[63] Seide P. On the torsion of rectangular sandwich plates [J]. Journal of Applied Mechanics, 1956, 3(2):191-194.

[64] Whitney J M. Analysis of anisotropic laminated plates subjected totorsional loading [J]. Composites Engineering, 1993, 3(6):567-582.

[65] Savoia M, Tullini N. Torsional response of inhomogeneous and multilayered composite plates [J]. Composite Structures, 1993, 25(1-4):587-594.

[66] Swanson S R. Torsion of laminated rectangular rods [J]. Composite Structures, 1998, 42 (1):23-31.

[67] Davalos J F, Qiao P, Ramayanam V, et al. Torsion of honeycomb FRP sandwich plates with a sinusoidal core configuration [J]. Composite Structures, 2009, 88(1):97-111.

[68] ABAQUS, Standard user's manual, Version 6. 8 [M]. Hibbitt: Karlsson and Sorensen, Inc, 2008.

[69] Jones R M. Mechanics of Composite Materials[M]. Washington: Scripta Book Company, 1975.

[70] Hoff N J, Mautner S E. Bending and buckling of sandwich beams[J]. Journal of the Aeronautical Science, 1948, 15(12):707-720.

[71] Fleck N A, Sridhar I. End compression of sandwich columns[J]. Composites Part A: Applied Science and Manufacturing, 2002, 33(3):353-359.

[72] Li M, Wu L Z, Ma L, et al. Structural response of all-composite pyramidal truss core sandwich columns in end compression[J]. Composite Structures, 2011, 93(8):1964-1972.

[73] Hwu C, Chang W C, Gai H S. Vibration suppression of composite sandwich beams[J]. Journal of Sound and Vibration, 2004, 272(1/2):1-20.

[74] Ahmed K M. Dynamic analysis of sandwich beams[J]. Journal of Sound and Vibration, 1972, 21(3):263-276.

[75] Hwu C, Chang W C, Gai S S. Forced vibration of composite sandwich beams with piezoelectric sensors and actuators[C]. 4th Pacific International Conference on Aerospace Science and Technology, Taiwan, 2001.

[76] Meirovitch L. Element of Vibration Analysis[M]. New York: McGraw-Hill, 1986.

[77] Bishop R, Johnson D. The Mechanics of Vibration[M]. Cambridge: Cambridge University Press, 1960.

[78] Agarwal B D, Broutman L J. Analysis and Performance of Fiber Composites[M]. 2nd Edition. New York: John Wiley & Sons, 1990.

[79] 都亨, 张文祥, 庞宝君, 等. 空间碎片[M]. 北京: 中国宇航出版社, 2007: 89.

[80] Lakes R. Materials with structural hierarchy[J]. Nature, 1993, 361(6412): 511-515.

[81] Kooistra G W, Deshpande V S, Wadley H N G. Hierarchical Corrugated Core Sandwich Panel Concepts [J]. Journal Applied Mechanics, 2007, 74(2): 259-268.

[82] Cote F, Russell B P, Deshpande V S, et al. The through thickness compressive sandwich panel with a hierarchical square honeycomb sandwich core [J]. Journal of Applied mechanics, 2009, 76(6):61004.

[83] Deshpande V S, Fleck N A. Collapse of truss core sandwich beams in 3-point bending[J]. International Journal of Solids and Structures, 2001, 38(36/37):6275-6305.

[84] Russell B P, Deshpande V S, Wadley H N G. Quasistatic deformation and failure modes of composite square honeycombs [J]. Journal of Mechanics of Materials and Structures, 2008, 3(7): 1315-1340.

[85] Birman V, Bert C W. On the choice of shear correction factor in sandwich structures[J]. Journal of Sandwich Structures and Materials, 2002, 4(1): 83-95.

[86] Timoshenko G. Mechanics of Materials(Fourth edition)[M]. Boston: PWS Publications, 1997: 30-120.